建筑基础110
室内设计

[日]和田浩一 富樫优子 小川由华莉 著

刘云俊 译

中国建筑工业出版社

目 录
CONTENTS

 第1章　室内设计基础知识

001　关于室内设计 …………………………………………… 8

002　日本室内设计的历史（古代～近代早期）…………… 10

003　日本室内设计的历史（近代～现在）………………… 12

004　西方室内设计的历史（古代～近代早期）…………… 14

005　西方室内设计的历史（近代～现在）………………… 16

006　基于人体尺度的构思——大小的设计………………… 18

007　作业范围——大小的设计……………………………… 20

008　行动心理——大小的设计……………………………… 22

009　人体工程学的应用——大小的设计…………………… 24

010　何谓颜色？——色调设计……………………………… 26

011　颜色的表示——色调设计……………………………… 28

012　颜色的心理效果——色调设计………………………… 30

013　色彩方案——色调设计………………………………… 32

014　光的设计………………………………………………… 34

015　声的设计………………………………………………… 36

016　温度设计——热的性质………………………………… 38

017　重量、气味的设计……………………………………… 40

018　形状——比拟设计……………………………………… 42

019　形态处理——比拟设计………………………………… 44

020　美的法则——比拟设计………………………………… 46

话题│凭第六感设计 ………………………………………… 48

第2章　建筑结构及各部位的构筑

021 室内地面的构筑 ……………………………………………… 50

022 墙壁的构筑 ……………………………………………………… 52

023 顶棚的构筑 ……………………………………………………… 54

024 细部及其用材 ………………………………………………… 56

025 开口部——门和窗 …………………………………………… 58

026 楼梯的形状 ……………………………………………………… 60

027 楼梯的结构 ……………………………………………………… 62

话题 地面、墙壁和顶棚应具有的性能 …………………… 64

第3章　室内设计使用的材料及其表面处理

028 木质类材料 1 …………………………………………………… 66

029 木质类材料 2 …………………………………………………… 68

030 金属类材料 ……………………………………………………… 70

031 石材 ………………………………………………………………… 72

032 瓷砖 ………………………………………………………………… 74

033 玻璃 ………………………………………………………………… 76

034 树脂 1 ……………………………………………………………… 78

035 树脂 2 ……………………………………………………………… 80

036 纸类材料 ………………………………………………………… 82

037 榻榻米、植物纤维类铺地材 …………………………… 84

038 布料、地毯 ……………………………………………………… 86

039 窗帘——窗帘系统 …………………………………………… 88

040 百叶帘——窗帘系统 ………………………………………… 90

041 皮革 ………………………………………………………………… 92

042 涂料、涂装 ……………………………………………………… 94

043 瓦工 ………………………………………………………………… 96

第4章 家具和门窗

044 起居家具 ···································· 98

045 收纳家具 ···································· 100

046 装饰家具 ···································· 102

047 平开门家具金属配件 ···················· 104

048 推拉门家具金属配件 ···················· 106

049 抽屉金属配件 ······························ 108

050 家具涂装 1 ································· 110

051 家具涂装 2 ································· 112

052 家具的安装 ································· 114

053 按照材质对门窗分类 ···················· 116

054 按照开合方式对门窗分类 ··············· 118

055 日式门窗 ···································· 120

056 平开门金属配件 ·························· 122

057 推拉门金属配件 ·························· 124

058 门窗的固定 ································· 126

话题 与厨房柜台相配的高凳 ··············· 128

第5章 设备

059 采光 ·· 130

060 照明基础知识 ······························ 132

061 照明设计 ···································· 134

062 照明灯具 ···································· 136

063 照明程序设计 ······························ 138

064 插座、分电盘 ······························ 140

065 电气设备——LAN（局域网络）········· 142

066 换气设计 ……………………………………… 144

067 声环境 …………………………………………… 146

068 厨房的热源 ……………………………………… 148

069 厨房的水槽和水龙头 …………………………… 150

070 厨房中用于清洗和保存的设备 ………………… 152

071 厨房垃圾处理设备 ……………………………… 154

072 浴缸的种类 ……………………………………… 156

073 浴室和洗漱间的水龙头金属配件 ……………… 158

074 厕所设备 ………………………………………… 160

第 6 章　规划方案

075 规划基础 ………………………………………… 162

076 门厅周围 ………………………………………… 164

077 厨房——烹饪的场所 …………………………… 166

078 餐厅——吃饭的场所 …………………………… 168

079 起居空间 ………………………………………… 170

080 洗漱间更衣室 …………………………………… 172

081 淋浴间——沐浴的场所 ………………………… 174

082 厕所 ……………………………………………… 176

083 卧室 ……………………………………………… 178

084 儿童室——孩子们的领地 ……………………… 180

085 日式房间 ………………………………………… 182

086 书房 ……………………………………………… 184

087 收纳规划 ………………………………………… 186

088 步入式衣柜 ……………………………………… 188

089 老年人的房间 …………………………………… 190

090 家庭影院 ………………………………………… 192

091 住宅和店铺 ··· 194

092 购物店 ··· 196

093 餐饮店 ··· 198

094 美发室的设计 ··· 200

095 室内装潢 ··· 202

096 独立住宅的室内装潢 ··· 204

097 公寓的室内装潢 ··· 206

话题 │ 接待柜台的设计 ··· 208

第7章　室内设计的前期准备

098 室内设计师的思想准备 ·· 210

099 室内设计的任务、资质和人员 ······························ 212

100 相互交流 ··· 214

101 室内设计师应该是这样的人 ································· 216

102 安全规划 ··· 218

103 室内设计规划的步骤 ··· 220

104 建筑基准法——室内设计相关法规 ······················ 222

105 内装规范——室内设计相关法规 ························· 224

106 其他室内设计相关法规 ······································ 226

107 室内设计图纸 ·· 228

108 透视效果图 ··· 230

109 CAD 和 CG ·· 232

110 设计效果展示 ·· 234

作者简介 ·· 236

参考文献 ·· 237

第 1 章

室内设计基础知识

001

关于室内设计

设计：STUDIO KAZ　照片：山本 MARIKO

 认识到"室内设计＝生活设计"
时刻不忘其与人的关系

室内设计与人的关系

空间基本由地面、墙壁和顶棚构成。当然，仅仅由于形状和比例的差异，空间给人的印象便有很大不同。尽管如此，被围绕起来的空间也不过就是个大箱子而已，只是在其中加入了色彩、光线、材料和家具等元素，就像室内设计一样。然而，事情至此并未结束。无论住宅还是店铺，都要通过人进入其空间之后，才能完成室内设计。也就是说，在做室内设计的过程中，必须时刻意识到人的存在。

基于这样的观点，我们所做的室内设计，其关注的重点不是空间，而是着眼于人的行为和活动场面。应该考虑的是，当人进入空间时，会看到什么景象、嗅到何种气味和听到怎样的声音；室内亮度如何；温度及湿度的高低，等等。

然后，再设想人对这些因素的感觉如何，并因此做出哪些不同的反应。

要有总体概念

譬如，以茶道为例就很好理解。除了作为空间结构的茶室之外，还要加上茶炉的砌造方式、摆放在其中的鲜花、书籍、熏香、道具、茶器、点心，直至着装的式样等，所形成的整体感觉才是茶道。首先要设定某种行为，再给这一行为周边配置必要的物件和素材，逐渐扩展其范围，直抵整个空间。这是一种非常有效的手法。在这里，光线、色彩、气味和声音与家具、素材和空间结构等的功能一样，应该同时塑造空间的形象。极端一点儿说，各种观叶植物、挂在墙壁上的绘画和人们穿着的衣服式样，甚至连发型都是室内设计的一部分。

002

日本室内设计的历史（古代~近代早期）

照片：STUDIO KAZ

 依照文化潮流和建筑样式理解室内设计
了解寝殿式建筑、书院式建筑和茶室风格建筑的区别

日本房屋的原型

日本建筑与西方建筑最大的不同点，就在于不加区别地看待建筑物的外部和内部。因此，在处理内部空间时，最好将其与建筑样式的特点结合起来，使之成为一种蕴含文化要素的日常用品。

在日本建筑样式中，平安时代的寝殿式建筑最早显露出室内设计的意识。在广阔的空间里，由被称为"设"的坐卧具（铺席和坐垫等）围成一个空场，并用隔断家具（屏风、帐子等）分割成不同的空间，各种道具被放入收纳家具（柜、箱和格物架等）内。这样，由家具和陈设将开放空间按照不同用途加以分割或连接的日本房屋原型便出现了。

从镰仓时代进入室町时代以后，武家文化和公家文化与外来文化结合起来，出现一种被称为"书院式建筑"的新样式。从前随时移动的席子，成为铺满整个房间的榻榻米，开始使用纸隔扇和推拉门之类的开口部构件，并产生对顶棚加以设计的意识。而室内地面、橱柜和书案（写字台）等，在这之前都属于建筑的范畴。

与文化的成熟同时诞生

安土桃山时代正是与南洋开展贸易的阶段，日本进一步受到外来文化的影响。而且，恰值欧洲的文艺复兴时期和中国的明朝。在日本各地大兴城郭建设的同时，一种草庵风格的茶室建筑开始崭露头角，它将建筑、庭园、茶具，甚至包括人的行为都融合在一起，形成综合性的建筑艺术。而且，这一时期被称为"木割"的模数协调标准也得到确立。

到了江户时代，茶室建筑已经成熟，又出现了以桂离宫为代表的"茶室风格建筑"。与此同时，美术工艺品的制作也很发达，尤其是浮世绘和陶瓷器，在海外得到很高评价。家具方面，衣橱制作也很精致，并被普遍应用。

年表｜日本Ⅰ（与建筑样式和室内设计相关的内容）

古代	绳文、弥生 (B.C.7000～A.D.3c)	古坟 (A.D.3c～A.D.7c)	飞鸟 (A.D.6c～A.D.8c)	奈良 (A.D.8c)	平安 (A.D.8c～)

	时代	社会、文化	建筑、室内设计	
1000（年） 古代 1100	平安	◦国风文化 ▶贵族文化	寝殿式建筑	 寝殿式建筑 (东三条宫)
1200 1300	镰仓	▶武士崛起 ◦镰仓幕府 ▶武家文化	▶佛教建筑 ▶武家建筑	 书院式建筑 (二条城二之丸御殿)
中世 近代 早期 1400 1500	室町	◦室町幕府 ▶武家文化、贵族文化 与外来文化的结合	▶金阁、银阁	 草庵茶室 (妙喜庵茶室)
1600	安土 桃山	▶战国时代 ▶与南洋通商 ◦织田信长 ◦丰臣秀吉 ▶侘茶道完成·千利休 ◦江户幕府 ▶锁国政策	书院式建筑 ▶城郭建筑 草庵茶室 茶室风格建筑 ▶桂离宫 神社建筑 ▶日光东照宫 ▶衣橱的普遍应用	 茶室风格建筑 (桂离宫) 摄影：松村芳治
近代 早期1700 1800	江户	▶元禄文化 ▶工艺品、浮世绘 （町民文化） ▶化政文化 ◦大政奉还		

003

日本室内设计的历史（近代~现在）

照片提供：UR 都市机构技术研究所

 西方文化融入日本独特的文化之中，开始了新的室内设计时代
今天，室内设计领域已被细分成各种各样的门类

来自欧美的影响

为提高产业技术水平，日本明治政府聘请了许多外国人。有一位叫约西亚·康德尔的英国人，在工部大学从事造型教育的同时，还参与了多项建筑设计。到了明治中期，曾师从康德尔的日本人开始活跃起来。其中的代表，就是设计了日本银行和东京火车站等建筑的辰野金吾。虽然日本的西洋式建筑以机关和学校为主，但是自岩崎宅邸于19世纪末建成以后，在各地又出现不少被称为公馆的西式住宅。而且，由于机关、学校和军队等处往往要设置桌椅，因此也开始生产西式家具。另外，普通家庭里也摆上了饭桌，全家围着一张桌子就餐的生活方式被推广开来。第一次世界大战之后，随着各项基础设施的逐渐完善，人们又努力使以厨房为中心的家务劳动更加合理化。在这前后，弗兰克·劳埃德·赖特完成了东京帝国饭店，其内部空间和家具的设计颇引人注目。1923年的关东大地震，促进了RC结构（钢筋混凝土结构）的普及。不久，东京中央邮局和同润会公寓等相继落成。曾于20世纪30年代师从勒·柯布西耶的前川国男和坂仓准三等建筑师开始崭露头角，受他们设计的建筑内部和家具的启发，柳宗理和剑持勇等作为室内设计师登上舞台。

色彩纷呈的室内设计

1955年成立的日本住宅公团，建造了以食寝分离为基本原则的2DK住宅，对后来的日本住宅影响很大。进入这一时期，历经波折的"室内设计"总算成为公认的术语。而且，今天的室内设计，已被细分为家具、杂品、产品和织物的设计，以及搭配和外观等专业门类，以适应人们的不同需要。

年表 | 日本 Ⅱ（与建筑样式和室内设计相关的内容）

	时代	社会、文化	建筑、室内设计	
1850（年） 近代早期	江户	▶ 开国		
			哥拉巴园	原帝国饭店
		○ 明治维新 ▶ 文明开化	（引进外国技术）	
近代	明治		鹿鸣馆（约西亚·康德尔） 日本银行（辰野金吾）	
1900		▶ 机关及学校等建筑的西洋化	▶ 公馆 ▶ 西式家具	
	大正	○ 大正时代 ▶ 大正民主政治 ▶ 生活改善运动	东京火车站（辰野金吾） ▶ 内廊式住宅 ▶ 厨房等住居空间合理化 原帝国饭店 （弗兰克·劳埃德·赖特）	同润会青山公寓
		○ 关东大地震 ○ 昭和时代	同润会公寓 ▶ 钢筋混凝土结构的普及 ▶ 前川国男、坂仓准三等人的活跃 ▶ 柳宗理、剑持勇等室内设计师 的活跃	
1950	昭和	○ 第二次世界大战结束 ▶ 战后复兴	▶ 时尚设计 日本住宅公团成立 ▶ 公团建造 2DK 住宅计划 （食寝分离） 日本室内设计师协会成立 （初为日本室内设计家协会）	早期公营住宅 51C 型 （据日本 1985 年度国民生活白皮书）
现代		▶ 高速成长时期		
		▶ 信息化时代	▶ 现代主义的流行 室内设计资格认证制度	
	平成	○ 平成时代	▶ 生态设计 ▶ 无障碍设计	厨房兼餐厅 / 美国 2002 （设计：studio Kaz 摄影：Nacása & Partners）
2000				

004

西方室内设计的历史（古代～近代早期）

照片提供：株式会社 AIDEKKU

 Point 西方的建筑史亦可说是一部装饰艺术发展史
掌握各个国家、不同时代的各种样式特征

历经古希腊罗马时代

西方的建筑史，也是一部反映统治阶级和掌权者兴趣爱好的装饰艺术（样式）发展史。

人类开始脱离洞窟生活，可以上溯到公元前3000年左右埃及统一国家的形成时期。经过几个文明之后，在公元前5世纪左右的古希腊文明阶段，帕特农神庙建成了。神庙的设计，采用黄金比例等进行计算的尺寸体系，令人感到十分震惊。而且，这一时期也出现了椅子和沙发的雏形。

到了古罗马时代，除大理石和砖瓦外，还将混凝土用于建筑，从而使大空间的构筑成为可能。原有的制拱技术也得到发展，造出了以万神殿为代表的穹顶建筑。当时的室内设计，主要有大理石的地面和绘制在粉墙上的壁画。家具不仅有木质的，也有使用大理石和青铜

制作的，更加关注其是否具有较高的装饰性。

庞大的罗马帝国衰败之后，又形成以基督教为中心的文化，出现了被称为拜占庭样式的建筑，以华丽的马赛克图案为特征。家具虽然延续了罗马时代的直线造型，但融入了东方的装饰手法。此后，文化中心不断在欧洲范围内变迁，并且于11、12世纪和13、14世纪相继诞生了以文艺复兴和哥特等为特征的样式。

设计范畴的拓展

自15世纪以来，人类的文化活动日趋活跃，通过国家之间的相互影响，产生的样式五花八门。仅就家具而言，在今天几乎都被列入"古典家具"之类。然而，我们也一定要知道，18世纪后半期出现在美国的温莎椅和联邦式风格等，至今仍可在室内设计中充分应用。

年表│西方 I（与建筑样式和室内设计相关的内容）

古代 ～ 中世	埃及 (B.C.3000～B.C.5c)		古希腊 (B.C.7c～B.C.2c)		古罗马 (B.C.2c～A.D.3c)	早期基督教 (A.D.3c～A.D.6c)	罗马风格 (A.D.11c～A.D.12c)
						拜占庭风格 (A.D.4c～A.D.15c)	

	英国	法国	意大利	德国、北欧	美国	日本	
1400 （年）		哥特风格					
中世			文艺复兴早期				
—1450							凡尔赛宫的镜厅
		文艺复兴早期				（室町）	
1500	都铎王朝	文艺复兴鼎盛时期（弗朗索瓦一世）	文艺复兴鼎盛时期				
1550	伊丽莎白一世	文艺复兴后期	文艺复兴后期				蒙塔邱特楼
1600	詹姆士一世	路易十三	文艺复兴样式 意大利 巴洛克式		淘金者 殖民者	（安土桃山）	
近代早期 1650	卡洛琳	路易十四 （巴洛克式）					圣彼得教堂
1700	威廉和玛丽 安妮女王				威廉和玛丽建国（～1850）	（江户）	
	乔治时代	菲利普摄政 （摄政式）	意大利 洛可可式				
1750	乔治时代早期 亚当斯 黑波怀特	路易十五 （洛可可式）			安妮女王		温莎椅
	齐本德尔 谢拉顿	路易十六			齐本德尔 联邦式		
1800		路易十六式 拿破仑一世 （帝政式）	新古典式				
	摄政时代				帝政式		
	维多利亚时代		简约风格		古典复兴		联邦式椅子
—1850							

005

西方室内设计的历史（近代～现在）

照片提供：株式会社 KASHIINA · IKUSUSHI

Point 美术与设计融合，各种各样的运动勃然兴起
现代设计与科技的发达密切相关

钢铁、玻璃和混凝土

19世纪兴起的产业革命，对建筑也产生了很大影响。例如，1851年伦敦世界博览会上的水晶宫，被看成建筑物大量使用钢铁和玻璃营造的始作俑者；此外，还有为举办1889年巴黎世界博览会而建造的埃菲尔铁塔，以及1885年在芝加哥出现的最早的高层建筑。建筑进入一个新的时代：从过去以砖石作为材料，向大量使用钢铁、玻璃和混凝土转变。另外，在产业革命中，标新立异也成为一种潮流。如当时开展的工艺美术运动和倡导的新艺术样式等。

进入20世纪以后，在荷兰结成了风格派团体，德国建立了包豪斯。在建筑及家具的设计领域，国际间的交流也日益频繁。由勒·柯布西耶、马塞尔·布鲁尔和密斯·凡·德罗等人尝试制作的著名家具相继问世。

20世纪30年代，北欧引起人们的关注。其中，在设计领域比较活跃的有阿尔瓦·阿尔托、冈纳·阿斯普伦德和布鲁诺·马斯逊等人。1929年开设的纽约现代艺术博物馆（MOMA），在推广和普及设计方面也起了很大作用。查尔斯·伊姆斯和埃罗·沙里宁等人都曾获颁MOMA的奖项。

设计的时代

第二次世界大战结束后，以美国为中心，密斯·凡·德罗、菲利普·约翰逊和伊姆斯夫妇等为代表的现代主义设计日趋成熟。

自1950年前后，家具除用木材制作外，还使用塑料和金属。而且，随着加工技术的进步，在设计方面也发生了变化。为了进一步探索新的可能性，许多建筑师和设计师做了种种尝试，从而出现一种相对于现代主义而言的后现代主义动向。这些均与科技的发达密切相关，说明了事物总是在不断发展的。

年表 | 西方Ⅱ（与建筑样式和室内设计相关的内容）

	英国	法国	意大利	德国、北欧	美国	日本
近代早期 —1850 （年）	维多利亚 (1851 年伦敦 世界博览会)			(1851 年伦敦 世界博览会)	古典复兴 (哥特、洛可可、 文艺复兴等样 式)	(江户)
近代		(巴黎 1889 年 第 4 届巴黎世 界博览会·埃 菲尔铁塔)				(明治)
1900	工艺美术运动	新艺术样式		分离派 (奥地利)	新艺术样式	
	爱德华	艺术装饰		德意志 制造同盟	艺术装饰	(大正)
		(1925 年巴黎 国际美术展)		风格派 (荷兰) 包豪斯 斯堪的纳维亚	新精神	
1950	(英国工业 美术展)		意大利 现代主义	现代主义	美国现代主义	(昭和)
现代						
1980	新国际现代主义 (新现代主义)	后现代主义		国际现代主义	新国际现代主 义 (新现代主 义)	
2000						(平成)

LC2/ 勒·柯布西耶 ①

钢管椅 / 马塞尔·布鲁尔 ②

钢丝椅 / 查尔斯·伊姆斯 ③

帕米奥椅 / 阿尔瓦·阿尔托 ④

蛋壳椅 / 阿尔内·雅各布森 ⑤

书架 / 索特·萨斯 ⑥

路易椅 / 菲利普·斯塔克 ⑦

照片提供：①株式会社カッシーナ・イクスシー、②STUDIO KAZ、③ハーマンミラージャパン株式会社、④アルテック／ヤマギワ株式会社、⑤フリッツ・ハンセン日本支社、⑥トーヨーキッチンアンドリビング株式会社、⑦カルテルショップ青山

006

基于人体尺度的构思
——大小的设计

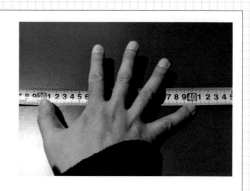

Point 长度单位原本来自人体的一部分
用于住宅的建材基本上以尺作为长度单位

人体与尺度

目前，我们使用的长度单位 Meter 制，规定以地球周长的四万分之一为 1m（原文如此）。但从前都是用人体的一部分来测量物体的大小。譬如，汉字"尺"可以从"用拇指与其他 4 指张开后测出的距离作为表示长度的单位"（《新字源改订版》角川书店）的解释懂得其象形的意义。而且，按照"基于人体尺度的构思"构筑的空间也会更有人情味。

早在 1921 年，日本便废止了"尺贯法"。可是直至今天，以尺作为长度单位仍是建筑现场通行的做法。其原因就在于，住宅所使用的建材几乎都以尺作为基本长度单位。例如胶合板和复合板，规格 910mm×1820mm 的被称为 3 尺 ×6 尺、1215mm×2430mm 的被称为 4 尺 ×8 尺，等等。假如在现场征求一位老资格木工的意见："你看这道槽 3

分怎么样？"，他不会不理解你的意思。6 尺相当于 1 间，1 间 ×1 间的面积为 1 坪（约 3.3 平方米）。即使现在，这也是建筑上不可或缺的单位。如同"起来半榻榻米，躺下 1 榻榻米"的说法一样，标准榻榻米的长度 =5 尺 8 寸（1760mm）来自人体尺度，应该不难想象【图 1】。

模度

我们将"为确定建筑空间及其构成材料的尺寸而采用的单位尺寸或尺寸体系"称作标准尺寸。其中最有名的，则是由勒·柯布西耶倡导的"模度"理念【图 2】。

如果将目光转向美国，你发现还有英寸、英尺和码之类的长度单位。而且，会知道英尺（feet）指脚（foot）的长度，也是源自人体的尺寸。1 英尺约为 304.8mm，与日本尺的数值近似；1 码约为 914.4mm，大体与日本半间的数值相当【表】。

图1 | 立柱布置和榻榻米布置

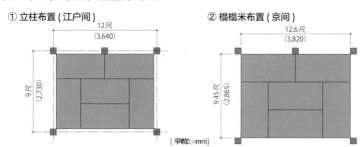

① 立柱布置 (江户间)

12尺
(3,640)

9尺
(2,730)

(单位：mm)

② 榻榻米布置 (京间)

12.6尺
(3,820)

9.45尺
(2,865)

	京 间	中京间	江户间 (田舍间)
立柱布置	6尺5寸	6尺3寸	6尺
榻榻米布置	6尺3寸	6尺	5尺8寸

※6尺3寸是太阁检地时设定的1间长度

※ 同样的1榻榻米，各地略有不同。1间的大小如表中所示，以京都为最大。其余还有"九州间"、"四国间"和"关西间"等，在20年前的住宅门窗的样本中仍可见到类似叫法

图2 | 模度

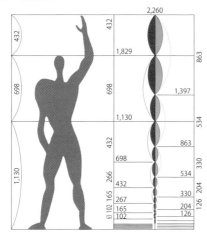

2,260

432 432

1,829

698 698

1,397

1,130

432

863

698

534

266 432

330

102 165 267
165
102

126 204

330
204
126

63

1,130

红色	蓝色
6	
9	11
15	18
24	30
39	48
63	78
102	126
165	204
267	330
432	534
698	863
1,130	1,397
1,829	2,260
2,959	3,658
4,788	5,918
7,747	9,576
12,535	15,494

红色是以身高为基准的数列，蓝色则是以高举手臂时的身体高度为基准的数列

表 | 单位换算表

毫米	尺	间	英寸	英尺
1	0.0033	0.00055	0.03937	0.00328
303.0	1	0.1666	11.93	0.9942
1818	6	1	71.583	5.9653
25.4	0.083818	0.0139	1	0.0833
304.8	1.00584	0.1676	12	1

平方米	公亩	坪
1	0.01	0.30250
100	1	30.2500
3.30579	0.03306	1

007

作业范围
——大小的设计

设计：STUDIO KAZ 照片：山本 MRIKO

将姿势与动作当做设计条件的一部分
考虑作业范围时应将家具和设备也包括进去

姿势与动作

姿势分为立姿、坐椅姿、席地姿和卧姿等4种。通过正确地采取相应的姿势，便能够使人的负荷减轻。因此，物体的大小和位置等显得很重要，并且与室内设计存在密切的关系。

假如使用不符合尺寸的桌椅办公，不仅作业效率低下，而且还会因姿势不好而使人的肩和腰等身体部分的负荷加重。此外，如使用与手大小不符的茶杯，手臂则成为向侧面张开的姿势，肩膀就要更加用力。这两个例子，不仅增加了身体的负荷，而且也让姿势变得很难看。外观的好坏同样重要，经过设计的空间必须是一个赏心悦目的空间，空间里人的姿势也应该被看成室内设计的一部分。关于动作也是如此，为了通过人优雅的举止而使空间看上去更温馨，必须从设计上考虑其大小。

作业范围

当人在进行某种作业时，存在一个在平面和立体上四肢可够到的区域。这一区域被称为作业范围【图1】。应该注意的是，它不仅指方便的程度和身体的负担，而且也关系到安全性。例如，多数厨房都采用吊柜收纳的方式，但要取出高处的物品很困难，必须借助踏台之类。从安全角度讲，这不是一个好办法。

由于生活中的很多动作都伴随着使用机械和仪器，因此作业范围不单要考虑到人身体所需的空间，还应将家具及设备的大小等因素包括进去【图2、3】。另外，一个行动很少是单独完成的。以卫生间为例，除如厕这样的主目的外，还包括洗漱、化妆和开关门之类的动作。因此，应该综合起来考虑。

图1 | 作业范围

①水平作业范围

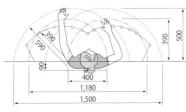

②立体作业范围（由 R.Barnes 倡导）

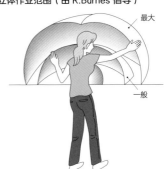

最大

一般

‥‥‥‥‥‥ 最大作业范围 (由 R.Barnes 倡导)
———— 一般作业范围 (由 R.Barnes 倡导)
——○—— 一般作业范围 (由 P.C.Squires 倡导)　　　　(单位：mm)

图2 | 构想动作空间

  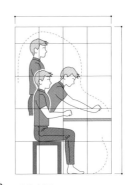

人体尺度
坐在椅子上的身体主要尺度

➡ **动作范围（动作尺寸）**
采取坐姿时的手脚动作尺度

➡ **动作空间**
在动作范围内，用直角坐标系表示的舒展程度、家具和用品的大小

➡ **单位空间**

图3 | 动作空间示例

①穿上衣

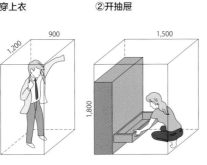

②开抽屉

③洗脸

④搬东西上楼梯

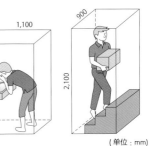

(单位：mm)

008

行动心理
——大小的设计

设计·照片：STUDIO KAZ

Point 考虑多数人的习惯
不仅关注物理尺度，还应想到心理尺度

动作特性、行动心理

人的动作及行动的特性，可作为具有一定程度的共同形态来看待。

人在生理上的倾向和癖好，我们称之为多数人的习惯【图1①】。如果不能认真考虑这一点进行设计，可能会造成使用的不便，甚至引起混乱。对某些关乎安全的物件，尤其不可掉以轻心。

同样的问题不仅存在于道具，也通过行动表现出来。例如大多数便利店，店内的商品都按逆时针的顺序摆放【图2】。

然而，并非世界各国都这样做。例如，房间里桌子的布置，日本多是朝窗摆放，而欧美则习惯将其对着入口处。这是应该注意的【图1②】。

心理尺度

每个人都在与他人千丝万缕的联系中生活着，并且按着这种关联性和彼此交往的密切程度来确定相互间的距离。例如在电车内，相互不认识的人总是将长椅的两端作为首选，其次才是椅子的中央。人们围桌而坐的方式也表现出这一特征：为了便于交流，都相向而坐，而且要让彼此的目光容易接触。在厨房等处，尽量做到使人的视线高度保持在相同的水平上。要想使站着的人与坐着的人视线一致，有几种方法，应该根据不同情况分别使用【图3】。

此外，交流的顺畅程度也与桌子的形状有关。与整体呈长方形的桌面相比，形状稍微圆滑的桌面会使氛围显得更轻松，有助于商务之类的谈话顺利进行。

图1 | 多数人的习惯

①生理动作的特性

推　　　　拉　　　　增大音量
（收音机、音响）

顺时针旋转　　　　顺时针旋转

关闭（燃气阀门、
燃气截止）

②习惯和传统的动作特性

日本

窗　桌

房间

欧美

窗

桌

房间

图2 | 逆时针旋转法则（便利店）

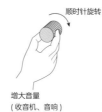
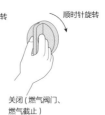

收款柜台　杂货

寿司、盒饭、配菜

面包　点心　酒肴

化妆品

出入口　图书、杂志

烈性酒　饮料

不以此种方式布置的便利店，则采取灵活利用多数人习惯的方法

图3 | 视线高度一致（厨房）

（单位：mm）

①利用地面级差

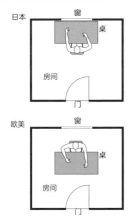

400　700　900

虽是一种过去常用的方法，但仍存在级差部分的安全性、地面铺装处理和底层的构筑等诸多课题

②借助椅子高度

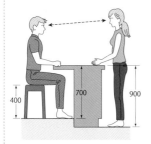

600　900

这是近来最常见的方法。但凳子与高度要求吻合的好设计少见；多是平庸之作

③借助柜台高度

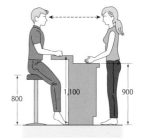

800　1,100　900

这是一种视线完全相对的方法。不过，要在高脚椅上长时间保持姿势不变也很困难

23

009

人体工程学的应用
——大小的设计

照片提供：HAMANMIRA JAPAN 株式会社　IMUZURAUNZICHEA&OTOMAN

Point 不能生搬硬套 JIS 标准尺寸
开关的位置既要方便使用，还要考虑到外观的匀称

在家具上的应用

以下尺度决定了椅子坐着是否舒服：座面的高度、角度和进深以及靠背的角度和高度等。不过，这些尺度亦因椅子是用于工作还是用于休憩而不同【图1】。要注意的是，假如椅子座面过高，会使大腿的后部受到压迫。另外，体现桌椅二者关系的最重要数值是桌面与座面之间的垂直距离，我们称之为差尺。尽管这一数值亦因作业种类的不同而存在一定差异，但一般可将 270 ~ 300mm 作为标准。本来，理想的做法是由人体尺度的座面高算出这一数值【图2】，可是，除非二者同时订购，否则要做到这一点便很不现实。因此，有时要将成品桌椅的脚截去一段，以使其符合人的身高。譬如厨房等处的作业台，JIS 标准规定调理台的高度为 850mm 或 800mm。然而，现场实际上稍高一些，其中有不少都在 900mm 以上。有的设计者则按照 "身高 ÷ 2 + 50mm" 的公式进行计算。由于人的四肢长度各有不同，因此必须考虑到多数人作业的实际情况，仔细进行计算。JIS 标准规定洗漱台的宽度为 720mm 和 680mm，但实际上大都制成 800 ~ 850mm。

将其应用于空间

确定收纳器具的高度和进深，要考虑到收纳物的重量和大小，以及收拾物品时人所采取的姿势。尤其在高度接近地面处，因须蹲着收拾东西，故应在前面留出必要的空间。开关、插座、拉手和对讲机等的设置高度，须符合人体尺度，便于使用。一般的高度尺寸是，开关类距地面 1200mm，拉手距地面 1000mm 左右【图3】。当然，也可故意避开这样的位置，将其安装在视野外的门扇中心处，以使空间显得更清爽。不过，这样处理的结果可能造成诸多不便，说不定是本末倒置，须仔细斟酌。

图1 椅子的分类

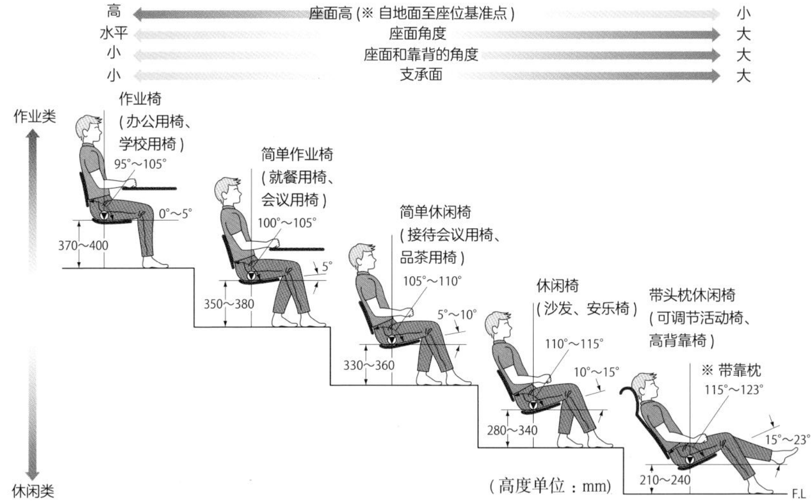

高	座面高（※ 自地面至座位基准点）	小
水平	座面角度	大
小	座面和靠背的角度	大
小	支承面	大

作业类 ↑

作业椅
（办公用椅、
学校用椅）
95°～105°
0°～5°
370～400

简单作业椅
（就餐用椅、
会议用椅）
100°～105°
5°
350～380

简单休闲椅
（接待会议用椅、
品茶用椅）
105°～110°
5°～10°
330～360

休闲椅
（沙发、安乐椅）
110°～115°
10°～15°
280～340

带头枕休闲椅
（可调节活动椅、
高背靠椅）
※ 带靠枕
115°～123°
15°～23°
210～240

休闲类 ↓

（高度单位：mm）

F.L

图2 桌椅的功能尺度

背部接触点

750～830
400
80
750～830
高度差 ＝270 ～ 300
200～250
座位基准点
670～750
520
380～410
130
450
380～420
550

（单位：mm）

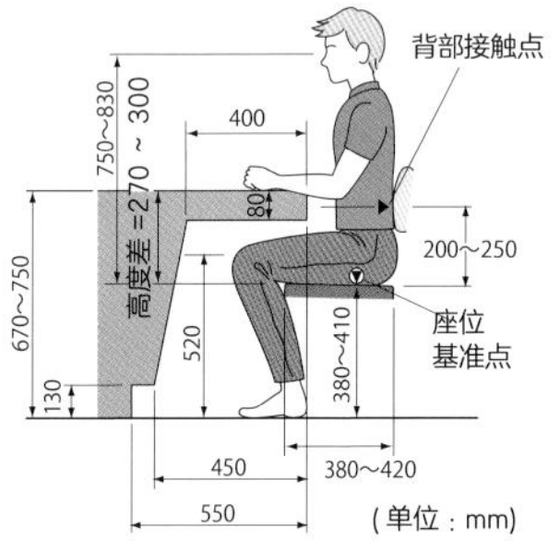

图3 设备的标准安装位置

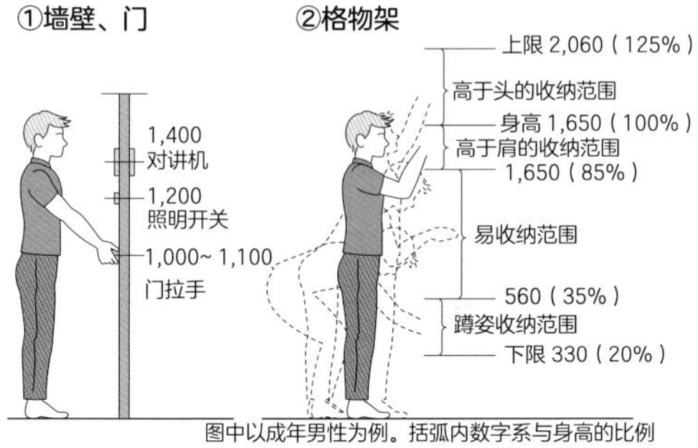

①墙壁、门

1,400 对讲机
1,200 照明开关
1,000～1,100 门拉手

②格物架

上限 2,060（125%）
高于头的收纳范围
身高 1,650（100%）
高于肩的收纳范围
1,650（85%）
易收纳范围
560（35%）
蹲姿收纳范围
下限 330（20%）

图中以成年男性为例。括弧内数字系与身高的比例
（单位：mm）

Pick UP! 现场的各种说法

挑选椅子的窍门

　　在家具商场选购椅子时，要根据自己家庭的实际情况。脱鞋试坐是少不了的，但还有许多应该注意的地方，如是否穿脱鞋、用不用座垫、要不要扶手、可否在椅子上盘腿、座面的弹性怎样、与桌子相不相配，等等。

010

何谓颜色?
——色调设计

Point 确认颜色在日常生活中所起到的各种作用
了解颜色显示的基本机理

颜色的作用

假如一觉醒来,整个世界只剩下红色会怎样?感到窒息是肯定的,而且人和物都难以辨认,失去行动上的方向感,给生活带来极大的不便。

当睁开双眼,看到高高的湛蓝的天空、郁郁葱葱的树木、姹紫嫣红的鲜花、繁华街道上闪烁的霓虹灯,以及在大街上疾走的女人们穿着的时装……这样一个色彩缤纷的世界呈现在我们的眼前,不仅让我们为之感动,也激起要认识它和表现它的欲望。唯其如此,才使生命中的每一天都变得有意义。

室内设计也是一样,颜色与形状和素材共同起到传达表现意图的作用。而且,来自视觉的信息,颜色信息占了其中的一大部分。对于平时不太在意的颜色,重新认识其所起到的作用及产生的效果,是设计师在制定室内设计方案时应做的重要功课。

颜色怎样显现出来?

我们要看到颜色,就必须依靠眼睛和光线。光,是电磁波的一种。电磁波是电与磁相结合的能量波动,诸如视频波、音频波、紫外线和红外线等。这些几乎都是肉眼看不到的波,肉眼能够看到的波,被称为光或可见光【图1】。

一般的光,都像太阳光那样呈现白色,然而这样的白色光却是由蓝紫到红的单色光复合而成的。当这样的光因碰到什么介质而改变投射方向时,便会被分光,呈现出单色的光带形态。17世纪,英国物理学家牛顿首先解释了这一现象,并将其命名为光谱。视细胞是眼内的传感器,当它接收到光信号时,便会立刻将其传给大脑。我们之所以能够看到颜色,正是依靠这一连串的系统【图2】。

图1 电磁波的波长与可见光

①用棱镜所做的白色光分解及其光谱

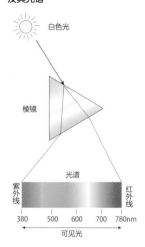

②可见光的波长和颜色

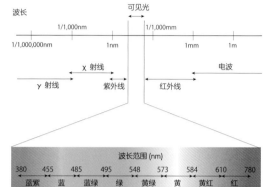

波长范围 (nm)								
380	455	485	495	548	573	584	610	780
蓝紫	蓝	蓝绿	绿	黄绿	黄	黄红	红	

光源颜色的色名范围
(JIS Z 8110)

1nm 相当于 1m 的 10 亿分之一，读成纳米

图2 物体显现颜色的机理

眼睛 (接收信号)　　大脑 (识别)

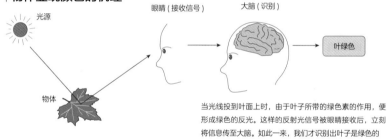

当光线投到叶面上时，由于叶子所带的绿色素的作用，便形成绿色的反光。这样的反射光信号被眼睛接收后，立刻将信息传至大脑。如此一来，我们才识别出叶子是绿色的

Pick! UP. 现场的各种说法

对形状、素材和颜色做综合考虑

在做建筑和室内设计时，一旦构思完成，便要先画出图纸，绘制效果图和制作模型。在制作的过程中，完全没有必要按照形状、素材和颜色的先后顺序逐一考虑这些问题，而是应该从最初的设计构思出发，将它们作为一个整体概念来认识。

011

颜色的表示
——色调设计

Point 为了正确表示颜色，应使用代号，而不是色名在颜色的表示法中，有一种芒塞尔色标系统，是以色彩的三属性作为尺度

用代号表示颜色

按照 JIS（日本工业标准）的规定，"樱色"、"珊瑚色"和"茜色"都属于深浅不同的红色。为了表示颜色，仅仅一个红色就需要很多色名。虽然色名可以使人较容易地理解颜色的形象，可是又不能将世上所有的颜色都一一加以命名。而且，人们理解颜色的方式也难免存在差异。

那么，究竟怎样做才能准确地记录和传达颜色呢？基于这样的目的，人们开发出一种色标系统，使其成为分辨不同颜色的尺度。

当表示物体的颜色时，通常都将所谓的"色彩的三属性"，即"色相"、"明度"和"饱和度"作为尺度【图1】。色相系指红、蓝之类的色调，明度则指色彩的明暗程度，饱和度表示色彩鲜艳饱和的程度。它们的数值便成为替代颜色名称的代号。

世界通用的颜色标准

用色彩三属性表示颜色的方法，以芒塞尔色标系统最具代表性【图2、3】，创建者是美国画家兼美术教育家阿尔伯特·芒塞尔。

据说，芒塞尔在户外写生时，给随着日落消失的各种颜色逐个做上记号，并且都记在本子里。

经过 OSA（美国光学会）更加严密的修订，目前芒塞尔色标系统与光体系的"XYZ色标系统"联系在一起，成为世界通用的物体颜色标准。日本制定的JIS Z 8721，则包括作为色卡汇集的"芒塞尔色彩书"和"JIS标准色卡"等。

图1｜用三属性构建的颜色立体骨架

白色
高
明度
高 ─ 纯度 ─ 低
低
色相
黑色

图2｜芒塞尔色标环

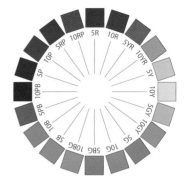

※ 需要指出，上图是从被分割的 10 个色相中选取了第 5 色相和第 10 色相，再由其组成 20 个色相

色相 (Hue, 简称 H) 以红 (R)、黄 (Y)、绿 (G)、蓝 (B) 和紫 (P)5 种颜色为基本色相，在这些色相之间又形成黄红 (YR)、黄绿 (GY)、蓝绿 (BG)、蓝紫 (PB) 和红紫 (RP) 等中间色相。进而再将各色相做 10 等分，总计形成 100 个色相。用 1 到 10 分别表示各色相，5 则处于中心

图3｜芒塞尔色标体

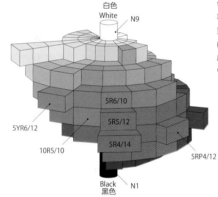

白色
White　　N9

5R6/10
5R5/12
5YR6/12
5R4/14
10R5/10
5RP4/12
Black
黑色　N1

因其中各个色相的最高饱和度值存在差异，故芒塞尔色标体的形态并不规整

芒塞尔色标系统的表示方法

芒塞尔记号用 HV/C 表示 例如 5R4/14(读作 5 红 4 之 14) 该色彩的主色相为红；明度 4，中等明度；纯度 14，系高饱和度，属于鲜艳的红色

■略语说明

H（Hue／ヒュー）.................. 色 相
V（Value／ヴァリュー）.............. 明 度
C（Chroma／クロマ）................. 饱和度

Pick! UP!　现场的各种说法

在室内设计中选定颜色

在室内设计现场，涂装色彩多依据"日本涂料工业会涂料用标准色"(照片) 和"DIC 色卡"之类的色彩样本进行确定。样本中没有的颜色，最好在现场提示。作为标准的芒塞尔色标系统，被用于景观色彩领域和论文发表等国际学术交流

场合。作为景观色彩的色卡汇集，日本也有自己的"JPMA 景观色标体系"等。

012

颜色的心理效果
——色调设计

 即使相同的颜色，也因周围环境的差异而看上去不一样
在室内设计上，充分利用色彩的对比和同化等视觉现象

颜色的对比和同化

同样是红色的蔷薇，将带叶的与不带叶的做一下对比，你定会为前者的鲜艳和美丽而触动。可以说，被大片新绿烘托的杜鹃花也是这样。原因在于，花朵的红色成为叶子的补色，花与叶的重叠，使得花朵本来的色彩看上去更加鲜艳和美丽。就这样，我们将某种颜色因受周围色彩影响而显得与其本来色彩不同的现象称为"色相对比"。

另外，我们再比较一下深色桌布和浅色桌布上摆放的白色餐具，发现前者会显得更白些。这是由于，桌布与餐具的明度差产生了"明度对比"的缘故。同样道理，"纯度对比"也是由某种颜色与周围颜色的纯度差产生的。以上这些，统称为"色彩对比"【图1】。

与对比相反，如果某种颜色看上去与其邻接的颜色相近，则被称为"色彩同化"。当施加影响的颜色以细网状掺入某种颜色时，同化的效果更加显著。例如，柑橘被装入红色网袋后，其表面透出的红色更加鲜艳，也显得很美味。装入蓝色网袋的秋葵也比原来显得更蓝，看上去同样更鲜艳。这种现象就叫"色相同化"。与对比一样，同化中有明度同化和饱和度同化【图2】。我们可以认为，同化就是原有颜色与插入颜色在视觉系统中混合后产生的混色现象。

充分利用颜色的视觉现象

我们在日常生活中见到某种色彩时，几乎都要受到对比和同化的影响。在室内设计过程中，只要适当地利用这些现象，便可使设计效果更具表现力。

图1 | 色彩对比

色相对比
同样的红色，右边突出了黄，左边则突出了蓝

明度对比
同样的白色，背景黑的看上去更明亮

饱和度对比
同样饱和度的绿色，被鲜绿包围后则显得更醒目，被灰色包围则显得更鲜艳

图2 | 色彩同化

色相同化
黄线插入红色后使其发黄，插入蓝线后使其发蓝

原有颜色

插入颜色

明度同化
黑线插入灰色后使其发暗，插入白线后使其发亮

原来颜色

插入颜色

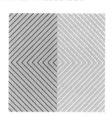

饱和度同化
鲜绿色线插入淡绿色后增加其鲜艳程度，插入灰色线后则使其更醒目

原来颜色

插入颜色

Pick! UP. 现场的各种说法

色彩的面积效果

即使同样颜色，亦因面积的大小而显得不尽相同。一般来说，面积越大，色彩越加显得明亮而鲜艳。然而，如是暗色则相反：面积越大看上去越暗。因此，在做色彩设计过程中，如果利用小型色彩样本来选择色调时，应缩小候选范围，尽量选取大样本，以避免选定的颜色与实物之间有差距。

大的看上去要明亮和鲜艳些

013

色彩方案
——色调设计

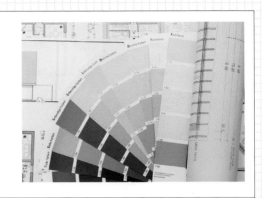

Point 空间的形象和舒适性因色彩的心理效果和美学效果而不同
根据空间条件、使用目的和使用者构思色彩方案

色彩调节——功能性的追求

第二次世界大战后，"色彩调节（Color conditioning）"的概念由美国引入日本。这是指那种应用色彩对人心理上和生理上的作用，以提高生产效率和功能性为目的的空间设计。例如，有个著名的说法：为了消除医生因手术过程中始终盯着红色的血液而在眼前闪现的蓝绿斑点（红的补色残像），手术室的墙面要涂成淡淡的蓝绿色。

进而，色彩还会影响到感情和印象。譬如，明亮的色彩让人感到轻松，暗淡的色彩使人觉得压抑。另外，色彩明亮的物体看上去要大，色彩暗淡的物体则显得小些。冷暖的印象也是这样，红色系的颜色有发暖的感觉，蓝色系的颜色有发冷的感觉。其中，那种对眼睛和情绪具有安抚作用的绿色系颜色也被称为养眼绿色【照片】。

类似这样的各种色彩效果，均可试着将其用在室内空间的设计上。如果墙壁和顶棚采用明亮的色彩，会使空间显得更宽敞；用红色系颜色涂装家人聚会的起居室和餐厅，会营造出温馨的氛围；书房和学习室等处采用蓝色系颜色，形成一个安定的空间，能使人的注意力更加集中。即使形态和大小完全相同的空间，只要在理解这种心理效果的基础上，因地制宜地做色彩配置，就会将其构筑成更舒适的室内空间。

色彩协调——美观性的追求

如今，室内设计正朝着多样化的方向发展，色彩设计也出现了由色彩调节向色彩协调转变的趋势。色彩协调（Color coordination）是指不再满足于功能性的追求，而是将个性化的表现、形象的视觉化和美学效果等加以统和，并以这样的综合理念为基础制定色彩方案【图】。

图｜制定色彩方案的步骤

1 了解现状
检查构成空间各要素（地面、墙壁、顶棚和家具等）的材质、形态和大小等。有的制成品要对其颜色做出限定

2 设定概念
根据空间的用途和使用者设定色彩概念

3 制定方案
基色、配色、主调色，明确 [表] 中的色彩分配。配色的统一和平衡很重要

4 效果展示
将设计意图载入方案书中，绘出彩色效果图和制作模型。事先准备的色彩样本和素材样本要尽可能大一点儿

5 施工
因工程由施工方进行，故而设计者亲临现场检查施工是否符合设计要求便显得十分重要

表｜色彩分配上的区分

基色	构成整体基调的颜色，即 base colour
配色	所占面积仅次于基色的颜色，即 assort colour
主调色	突出于整体之上的重点颜色，即 accent colour

照片｜应用养眼绿色示例

养眼绿色并不是由 JIS 等指定的色名，而是一种表示可安抚眼睛和情绪的绿色系颜色的词汇。用于疗养类空间有一定效果

Pick! UP. 现场的各种说法

关于色彩的通用设计

　　进入 21 世纪，通用设计的理念备受重视，指明了室内设计色彩方案的重点发展方向。"通用设计是要满足尽量多的人的使用需求。"基于这样的理念，要求配色效果能够让视觉障碍者可与正常人一样，很容易地分辨出各种颜色。具体来说，即不再依靠色相区分各种颜色，而是采用增强明度差和加入文字提示等方法。

Xknowledge

Xknowledge

有文字和背景明度差大的更易分辨

014

光的设计

设计·照片：STUDIO KAZ

Point 心理的作用引人关注，照明功能的重要性正在增强
要对照明可形成阴影的另一个功能加以重视

采光与照明

一般认为，远古时代的人类生活很简单，白天在户外依靠太阳的自然光度过，天一黑便睡下。直至发现了引火的方法，人工照明才诞生了。自有了照明和煮食并用的火堆开始，诸如篝火、松明、蜡烛、纸罩座灯、灯笼、煤油灯和煤气灯等使用火的照明手段曾一度成为主流。直到19世纪70年代，人类开始使用电，这才用上了更加安全和稳定的照明。

光影交映的室内设计

近来，"一室空间"已成为主导居住空间发展趋势的关键词。可以说，在都市型的狭小住宅里，一个空间做多种用途是比较现实的选择。如此一来，空间内部照明的作用就变得更加重要。

虽然照明的目的在于提供必要的光，但营造阴影也同样重要。在心理上，空间中暗的部分会使空间显得宽敞，并给人以深邃感。由于有意识地将亮处与暗处做适当配置，不仅可让室内设计富于变化，并且还能适应不同的场面【图1、2】。当然，这种场合最重要的是所谓光与影的照明效果，而不是照明灯具的外观【照片】。

为此，应该尽量消除照明灯具的存在感，只将光凸显出来。照明灯具作为构成室内设计的物件，只是作为一个营造光影效果的装置存在罢了。而且，也只有在满足以上两点要求的情况下，才能找出照明灯具存在的理由。

图1 | 光源的光色（色温）

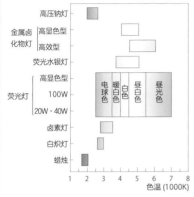

图2 | 色温和照度使人产生的感觉

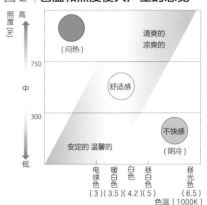

照片 | 灯光营造的明暗效果

照片中，可减弱超强眩光的筒灯被嵌入岛式厨房的顶棚内，使其存在感消失，但却将台面照得很明亮。而且，不锈钢制的台面还起到反光板的作用，营造出梦幻般的氛围

设计·照片：STUDIO KAZ

Pick! UP.

现场的各种说法

烛光的疗养效果

目前正流行一种芳香蜡烛，一看到其烛光，心情便会平静下来。之所以如此，有几个原因。首先是色温低。因色温较白炽灯更低，故可使营造的氛围更安定；其次是光不扩散。即使周围再暗，也可看清亮处，使人的精神集中在烛光上；

第三个原因是烛光的摇摆。它被称为1/f摇摆，据说有疗养效果。因为1/f摇摆恰好与人的脉搏节律相当，所以在看着蜡烛的火苗时，人会陷入自我激励及与烛光摇摆同步的状态。

35

015

声的设计

 对声音的感觉存在个体差异
作为室内设计的要素之一，用于营造声环境

声音与感觉

人的耳朵会不断地听到某些声音，通常并不存在完全无声的状态。然而，听到某种声音后的感觉，却因不同的人和不同的习惯而存在差异。譬如，秋夜里传来的虫鸣，让日本人听上去就像宣泄情绪的声音；但在欧美人听来，不过是一种噪声而已。

声音也有心理上的作用。例如，轻型汽车和高级轿车关闭车门的声音就不应该一样。从前，笔者曾去一家从事商品开发的公司，站在那豪华的门厅旁，竟对其关门的声音也挑剔起来。另外，锁门时的"咔嗒"声也始终留在记忆里，因此很少有忘记给门上锁的事发生。

当进入一家店铺时，心情的好坏也与里面播放音乐的风格和音量有关。并非任何一种音乐都可以，应该根据不同的顾客群和时间段分别选播不同的乐曲。从这个意义上说，"选曲师"说不定会成为与室内设计相关的一种职业。

对声响进行调节

声音的性质，是由强度（db）、高度（Hz）和音色（固有的声音）决定的，并以波状传播。在室内设计中，对这样的"波"，要使用隔声、吸声和混响等手段加以调节【图】。

在大空间的音响设计中，（如专用场所）应根据其是用于演奏古典音乐还是用于演出戏剧，制定不同的音响设计方案。最近，即使普通住宅，像家庭影院那样发出大音量的可能性也开始增加，故而对隔声性能提出了比从前更高的要求【表1】。尤其是集体住宅，在多数情况下，声音传到上面楼层都是被严格禁止的。因此，更应该充分注意地板材的种类和性能【表2】。

表1 | 室内允许噪声水平

嘈杂	无声感		非常静	未特别注意		听到噪声		不能无视噪声	
对谈话和电话的影响	相距5m可听到耳语声		相距10m可谈话 不妨碍打电话			一般谈话(3m以内) 可打电话		大声谈话(3m) 稍妨碍打电话	
集会、大厅		音乐室	剧场(中型)	剧场舞台		电影院、天文馆		大厅、大堂	
酒店、住宅				书房	卧室、客厅	宴会厅	大厅		
学校					音乐教室	礼堂	研究室、普通教室	走廊	
商业建筑					音乐茶座、书店、珠宝店、美术店		一般商店、银行、餐馆、食堂		
dB(A)	20	25	30	35	40	45	50	55	60

图 | 声音的投射、反射、吸收和透过

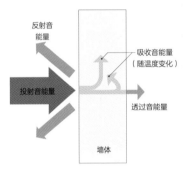

反射音能量

投射音能量

吸收音能量（随温度变化）

透过音能量

墙体

表2 | 地板的隔声等级

隔声等级	椅子、物件落下的声音	集合住宅生活状态
L-40	几乎没声音	不在乎也能生活
L-45	木屐声	有些关注
L-50	刀子落地声	有点提心吊胆
L-55	拖鞋声	如果注意问题不大
L-60	筷子落地声	彼此尚可忍受
L-65	硬币落地声	楼下有小孩会提出交涉

※ 集合住宅的隔声性能如在 L-60 以上则成为问题。
通常多设定在 L-45 以上

Pick! UP. 现场的各种说法
只有年轻人能听到的声音

人可听到的音域为 20Hz ~ 20kHz，20 岁左右便逐渐难以听清高频域声音。尤其 17kHz 以上频率范围则被称为蚊音，如何利用这种声音也成为一个课题。因为它常发生在年轻人深夜聚会的便利店和公园等处，并因此被驱离这些场所。2009 年 5 月，东京都足立区以地方政府名义最先设立了区立公园。

016

温度设计
——热的性质

Point 调节温度和湿度
采用具有吸湿性和绝热性的材料和部件，以减少结露现象

室内的热环境

如今，住宅的气密性能和保温性能都比过去有了明显的提高。因此，在设计上采用机械手段维持空气环境便成了不可缺少的课题。

另外，日光照射的问题也很重要。理想的方式是，在夏季要设法将其遮挡，冬季将其引入室内。这里，不妨举几个例子【图1、2】。另外还要将建筑材料的热容量也作为考查的重点之一。譬如，在RC结构建筑的最上层，以及受到下午阳光照射的房间，日落后室内温度往往会上升。这是由于混凝土的热容量大，是一种易热难冷的材料，从而导致室内外温度变化不同步的缘故。反过来，也有利用这一特点营造热环境的例子。如阳光充足的客厅地面，用热容量大的大理石和瓷砖进行铺装，冬日中午蓄积的热量会不断释放，直到深夜。如此一来，

则降低了地热采暖的运行成本。当然，由于温度的升高有个过程，因此设置定时器是完全必要的。

热的传递方式，分为传导、对流和辐射3种，并且在传递时呈现3种方式的组合形态。如以建筑外墙的热传导为例，可考虑对其各段分别采取保温措施【图3】。

潮湿和结露

潮湿空气的温度一下降，相对湿度就会上升，并很快超过饱和水蒸气量。这时，多余的水分便形成结露【图4】。

从理论上说，要避免发生结露现象很简单。譬如设法降低室内湿度，或者不让窗面温度下降等。通常的做法是，前者采用吸湿性材料；后者采用具有保温性能的窗框和玻璃。不过，事情并非到此为止，还应考虑采取换气之类的措施。

图 1 遮蔽日照的方法

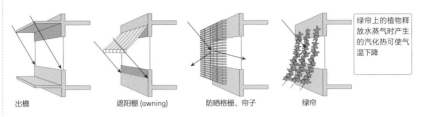

绿帘上的植物释放水蒸气时产生的汽化热可使气温下降

出檐　遮阳棚 (awning)　防晒格栅、帘子　绿帘

图 2 利用出檐遮蔽日照

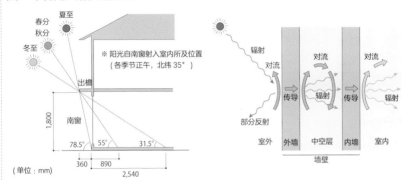

夏至
春分
秋分
冬至

※ 阳光自南窗射入室内所及位置
（各季节正午，北纬 35°）

出檐

1,800

南窗

78.5°　55°　31.5°

360　890
2,540

（单位：mm）

图 3 热移动的三形态

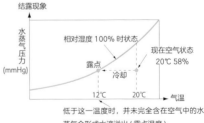

辐射
对流　对流
对流
传导　辐射　传导　辐射
部分反射
室外　外墙　中空层　内墙　室内
墙壁

图 4 结露机理

①结露过程

20℃·58%　饱和状态 12℃·100% = 露点温度　温度进一步下降 (= 开始结露)

如空气中水蒸气量保持不变，温度下降时容器难以装下干燥的空气，一旦溢出容器之外，则开始结露。此时的温度称为露点

②简略空气线图

结露现象
水蒸气压力 (mmHg)

相对湿度 100% 时状态

现在空气状态 20℃ 58%

露点　冷却

12℃　20℃　气温

低于这一温度时，并未完全含在空气中的水蒸气会形成水滴溢出 (露点温度)

③表面结露和内部结露

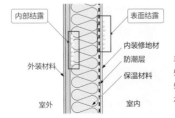

内部结露　表面结露

内装修地材
防潮层
保温材料

外装材料

室外　室内

表面结露是一种室内暖湿空气接触冷的墙壁等处时产生的现象。内部结露是指从墙壁等中间穿过的水蒸气在低温条件下凝成水滴的现象

017

重量、气味的设计

照片：STUDIO KAZ

Point 室内设计少不了重量
气味营造的空调效果

手就是一杆好秤

日本人都是用手端着碗吃饭。这种日本人独有的习惯，正是造成我们对餐具的轻重十分敏感的原因。其证据为，常用饭碗的重量在100g上下，酒杯和瓷碟的重量也多半都是100g左右【图1①】。不仅限于餐具，筷子及办公用品之类很小的重量差别，也能够用我们的手掂量出来。

通过增加分量来保持重量上的平衡也很重要。与轧制的不锈钢菜刀相比，锻造的菜刀用起来要方便些，原因不在于刀身较重，而在于重心距刀柄很近，使用时反倒显得更轻快【图1②】。

此外，也不能忘记重量与心理之间的关系。例如柜橱的门大都做得很厚重。因为只有这样，将东西存放在里面才让人感到放心。在有关声音的那一节【36页】，提到高级门的开发时，关注的重点也放在了门扇的重量上。从技术角度讲，完全可以做到门的开合轻松自如。但若以让人感到更加安全可靠为出发点，则宁可使门的开合沉重一些。就像这样，我们在构思室内设计过程中，无论从物理上还是从心理上，都应将重量当做重要的关键词。

香气的心理作用

我们都很了解香蜡和熏香等【图2】发出的气味与心理的密切关系。连类似"绿的气味"和"雨的气味"等抽象的气味也能唤起人们的记忆。至于食物的气味，则是人们根据以往的经验将味道和外观具象化后获得的。因此，没有理由不将其用在室内设计上。如举行茶会，要在坐席边焚香迎接客人。笔者设计的店铺将南国风格作为主题，让店内飘散着椰子的气味，这也是一个将比较简单的设计转换成南国风格设计的例子。

图1 | 重量设计

① 器皿的重量

面碗

饭碗

汤碗

日本人经常使用的餐具重量约为 100g

② 重量的平衡

锻造菜刀

考虑到平衡的设计

重心

轧制不锈钢菜刀

重心

平衡差、手感重、用起来不顺手

图2 | 气味也是室内设计的一部分

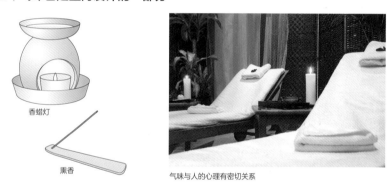

香蜡灯

熏香

气味与人的心理有密切关系

Pick! UP. 现场的各种说法

看重桐木橱柜的理由

桐木是木材中比重较轻的（当含水率15%左右时，比重约为0.19～0.40)，搬运起来比较方便，自江户时代起就在城市里被广泛采用。当发生火灾时，桐木即使被卷入火中，直至变黑炭化也不会烧成灰烬。因此，连装在桐木柜橱内的衣物都不会被烧掉。除此之外，它还有适应潮湿环境、抗虫蛀、耐腐蚀和不变形（收缩小）等优点。这或许正是桐木橱柜之所以受到普遍欢迎的原因【照片】。

018

形状
——比拟设计

咖啡墙错觉实例

Point 尝试将形状分解成点、线和面
人在变换进入眼球的视觉信息过程中产生知觉

分解形状

如将一个点放在空无一物的平面上，这个点会引起人的注意，并成为向心的存在。假设点是两个，在这样的两个点之间似乎可发现某种关联，如视线从大点移向小点。就像这样，利用放在空间中的物体和形状，便可以控制视线的移动。

要充分理解这一点，有必要对形状加以分解，并重新认识它。一切都是由点开始，多个点的排列组成线，进而再由线构成面。这时，各条线彼此不必衔接，而是将其作为领域来认知。面在经过立体组合后，一旦大小达到可进入的程度，便将其作为空间来认知【图1】。

一般说来，直线和平面给人以安静、实在的印象；曲线和曲面则让人感到生动活泼。即使在空间中，与单纯的方形空间相比，适当地加入凹凸和曲面之类的元素，则可使空间显得更加自由和舒畅。

视觉→知觉

眼前，摆放着一张正方形的桌子。此时映入眼帘的形状肯定是桌面的样子。然而，人眼所获得的视觉信息须传至大脑，经过分析处理后才能作出那是正方形的认知。同样亦可这样说：正圆的桌面看上去像椭圆、长方体大楼越往上显得越细也是正确的形状【图2】。那么，假如仰望真实的越高越细的大楼会怎么样呢？一定会显得比实际大楼高。这就是视觉信息被调节的结果。除此之外，视错觉（看上去与实际不符的图形）也可以作为构思自由空间的参考【图3】。实际上，这一切都是在做比拟设计。

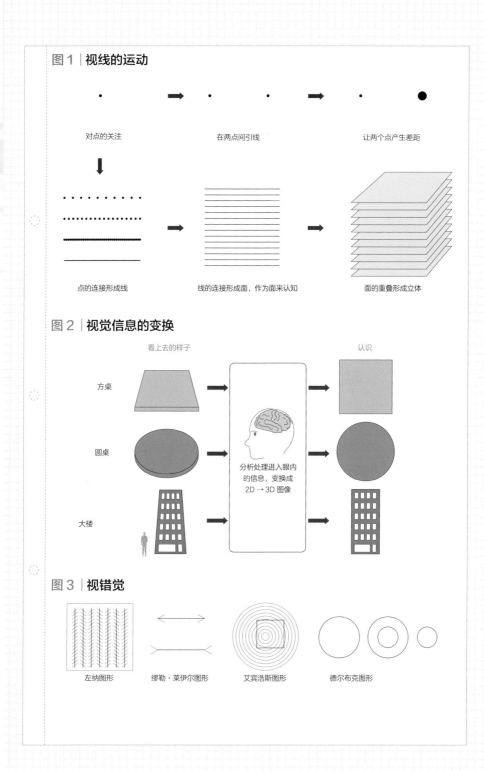

图1 | 视线的运动

对点的关注　　　　　　　　在两点间引线　　　　　　　让两个点产生差距

点的连接形成线　　　　线的连接形成面，作为面来认知　　　　面的重叠形成立体

图2 | 视觉信息的变换

看上去的样子　　　　　　　　　　　　认识

方桌

圆桌

大楼

分析处理进入眼内
的信息，变换成
2D → 3D 图像

图3 | 视错觉

左纳图形　　　缪勒·莱伊尔图形　　艾宾浩斯图形　　德尔布克图形

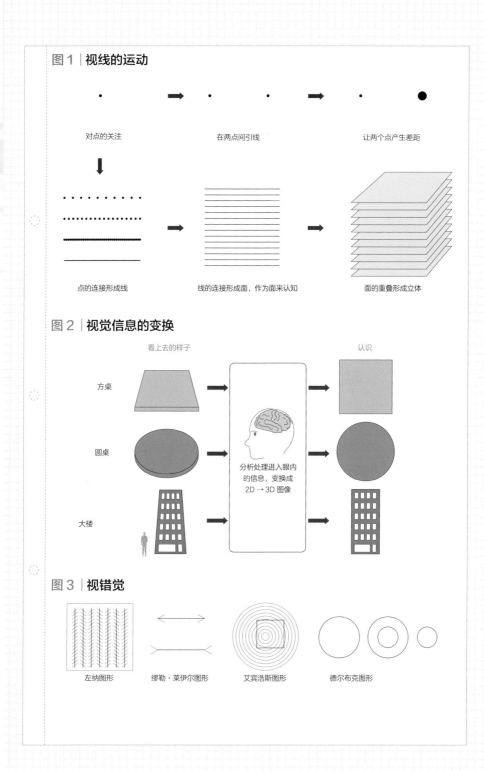

019

形态处理
——比拟设计

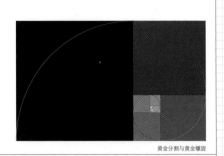

黄金分割与黄金螺旋

Point 利用视线错角调节形态
预先了解黄金比和√2长方形等稳定的比例关系

透视

描绘风景画时所使用的一种技艺连小学生都知道：远处的物体画得小些，近处的物体画得大些。这就是所谓透视法(远近法)。巧妙运用这一手法的例子，在我们身边也能见到。

东京的青山，一直到绘画馆都是整齐排列的银杏树。自青山大道至绘画馆前广场是个徐缓的下坡，道路两侧银杏树经过修剪的高度，越靠近绘画馆越低。也就是说，在设计上让人觉得好像拉长了至绘画馆之间的距离，并将参观者的注意力引向绘画馆那边【图1】。此外，像京都的桂离宫和梵蒂冈的大教堂等的设计，也都采用了透视手法。

黄金比

黄金比是一种给人以潜在美感的稳定比例（≒1.618）【图2①】，古代曾被用于修建金字塔和帕特农神庙等，以莱昂纳多·达·芬奇为代表，在文艺复兴时期的艺术创作中得到广泛应用。虽然是一种典型的西欧技法，但令人震惊的是，在17世纪营造的桂离宫，却处处可以见到这样的比例（图2②）。

日本也同样有稳定的比例，被称为"√2长方形"（≒1.414）【图3①】，即我们平时使用的纸张的长宽比例【图3②】。另外，还有香烟盒、国旗和杂志等也是如此。

这一比例，无论经过多少次的对折平分，其比值都保持不变。因此，也被看做是非常经济的比例。发现如此稳定匀称形态的日本人，除将其用于制造和纸外，也利用它造出各种各样的工具。

图1 | 透视法示例

绘画馆前的银杏行道树

东京·自青山大道至绘画馆前广场整齐排列的银杏树，随着道路起伏而出现的高度差约1m左右。青山大道两侧树高24m，绘画馆两侧树高17m。透视的效果的终端将人的注意力集中到绘画馆上来

图2 | 黄金比

①黄金比长方形

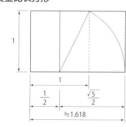

②桂离宫的黄金比

桂离宫采用1：1.618黄金比的例子之一

图3 | $\sqrt{2}$长方形

① $\sqrt{2}$长方形

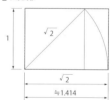

②纸张的长宽比例

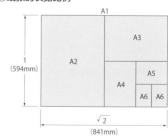

纸张的长宽比例为1：$\sqrt{2}$

45

020

美的法则
——比拟设计

Point 通过视线的位置的移动表现美的外观
图案之类的装饰，各自具有符号化的意义

看上去很美

看上去很美的空间和物体要符合以下 5 个法则：

①统一（unity）和变化（variety）【图 1】= 统一即一致，变化则指被拆散

②调和（harmony）= 目的在于局部与局部、局部与整体的和谐

③均衡（balanced）= 对称（symmetry）和非对称（asymmetric）

④比例（proportion）= 有意识采用黄金比和√2长方形等

⑤律动（rhythm）= 利用反复和层次等【图 2】

这不仅指色彩，在形状、大小和素材等方面也是一样。

要一边意识到这些法则，一边调整眼平，试着模拟视线移动的情形。立姿、席地姿和坐椅姿的眼平不一样，因而看到的风景也不相同。开口部和门窗等的长度和宽度，应该选择最佳的比例。只要想想日式房间和西式房间的布局，对这一点就不难理解。其房间的重心是这样确定的：调整由阳光和照明产生的阴影，包括色彩和形态等，构成空间的焦点（= 关注点），使其与眼平一致。

装饰的意义

本来，装饰与宗教、王室和贵族生活的色彩更加贴近。因此，原则上讲，在同一个空间里不会存在主题不同的装饰。进入 20 世纪，当奥地利建筑师阿道夫·洛斯提出"装饰即罪恶"的观点时，在很大程度上改变了室内设计的装饰意义。可是直至今日，人们对装饰的关切仍然根深蒂固。

装饰技法中的纹样有许多种被符号化的图案，我们要记住它们的名称和用法（图 3）。

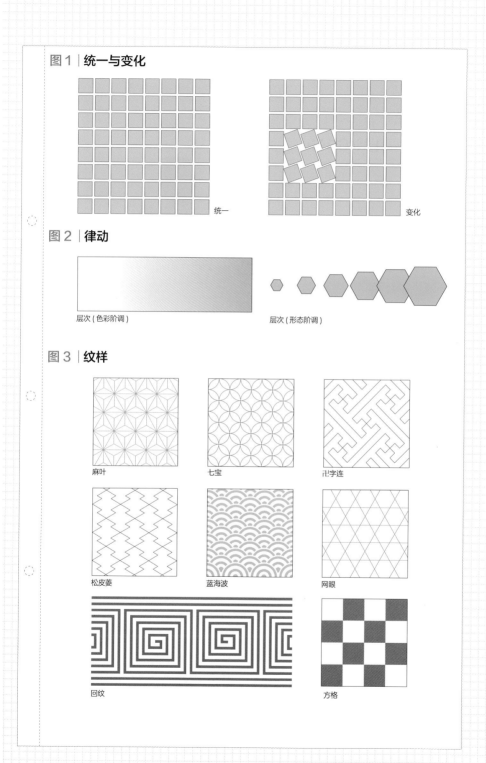

图1│统一与变化

统一

变化

图2│律动

层次（色彩阶调）

层次（形态阶调）

图3│纹样

麻叶

七宝

卍字连

松皮菱

蓝海波

网眼

回纹

方格

话题 | 凭第六感设计

设计：STUDIO KAZ　照片：垂见孔士

经常看到"五官感觉××"这样的文字。本书第1章所写的内容，也基于"五官感觉的室内设计"这样的理念。

其中在多数情况下，还是视觉最为重要。通过对可见的或隐蔽的事物，以及视线移动等的努力认知，便自然会把握住空间的形态、空间内物件的配置和色彩的应用等。

反之，如翻新的房屋和店铺那样、空间体量早已确定的场合，通过视线的调整亦可将空间构建得更舒适。

视觉、听觉、触觉、嗅觉、味觉等5种感觉并非独立存在，而是通过相互补充，才将一个完整鲜明的形象输入大脑中。在这五感被全部调动之前，起作用的是第六感。室内设计则应利用各种手段激活第六感，营造出"虽不太确定，却让人感到舒适"的空间。

或许有种空间可使任何人都感到舒适，而且人们会对其感叹不已。萌生这样的想法一定是有理由的，室内设计便是这个理由的最好例证。

例如题图照片中木结构住宅的内装修，利用原有的立柱，又特意增设几根使之成为列柱，下面直抵腰墙。通过这样的设计，延伸了可在室内行走的距离，使人感到空间更加宽敞。另外，相对于白色的墙面，列柱侧面被涂成深灰色，不仅突出了进深感，而且还与里面厨房台面的颜色相配。这种引导视线的处理手法，使空间在整体上显得要比实际大。

不过请注意，还应将"五官感觉的室内设计"作为优先的表现手段。

第 2 章

建筑结构及各部位的构筑

021

室内地面的构筑

设计·照片：STUDIO KAZ

Point 室内地面整体的构筑法分为架龙骨法和直接铺装法
不仅表面要处理，还应考虑下面的结构

架空式室内地面和非架空式室内地面

　　室内地面的结构分为架空式和非架空式两种【图1】。

　　木制地板属于架空式地面。按其结构划分，有实铺式木地板、空铺式木地板、单层木地板、双层木地板和组合式木地板等多种。构筑方法是，在地面和托梁（一层）或者楼板梁（二层以上）上架设龙骨，再将复合板等铺装在龙骨之上。其特点是，不仅具有很好的绝热性能，而且也便于在地板下敷设配管和配线等。

　　非架空式的室内地面，是以平整的板材（如混凝土板）和均匀的灰浆打底，再直接将表面材敷于其上或做涂装处理。这种室内地面具有可承受较大荷载、耐压和不易变形的优点。通常，无须选用组合式地板，但想要抑制层高时，便可派上用场。

　　即便是 RC 结构的建筑，有时也会

在楼板上设托梁和龙骨作为支承，构筑架空式地面。在公寓类的集体住宅，一种被称为"自由层"的活动式地板越来越常见。它以高度可调节的支撑脚代替托梁和龙骨，地板下面形成可敷设配管及配线的空间。

室内地面的表面处理

　　室内地面的表面处理有铺设地板、地毯、榻榻米和瓷砖等多种【图2】，最好根据房间的用途来选择适当的表面材料。如流水的地面要考虑耐水性，儿童游戏的房间则应具有抗冲击性等。固定表面材料可使用钉子【图2②】或粘结剂。在各个房间铺设的表面材料不一样的情况下，有时需要通过改变室内地面底层的厚度来调节整体高度。

　　即使高品质的表面材料，因底层或主体的特性及状态的缘故，也可能无法充分发挥出其应有的性能。因此，要注意室内地面底层部分的结构方式和施工监理。

图1 | 室内地面构筑法

①架空式室内地面

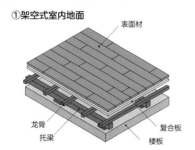

表面材

龙骨
托梁
复合板
楼板

②非架空式室内地面

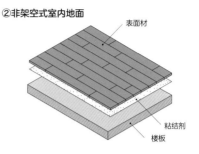

表面材

粘结剂
楼板

图2 | 室内地面表面处理种类

①表面铺设地板

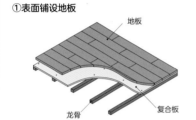

地板

龙骨
复合板

②地板的固定

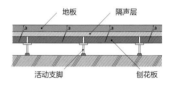

地板　　隔声层

活动支脚　　刨花板

③铺地毯

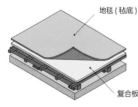

地毯（毡底）

复合板

④铺瓷砖（干式）

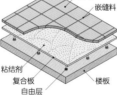

瓷砖
嵌缝料

粘结剂
复合板
自由层
楼板

⑤铺瓷砖（湿式）

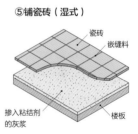

瓷砖
嵌缝料

掺入粘结剂
的灰浆
楼板

Pick! UP. 现场的各种说法

地热供暖

　　最近，采用地热供暖的事例越来越多。这虽可让身处其中的人生活变得更舒适，但对部分室内地面材料来说，却形成严酷的环境。地板干燥到一定程度便会收缩，产生翘曲等现象。即使那些适于地热供暖的材料，亦须确认后再做决定。尤其是实木地板，即使未采用地热供暖也会因季节冷热产生变形。因此，须格外注意。

022

墙壁的构筑

照片提供：株式会社 TOMITA「HANA」

Point 木结构墙壁的骨架由各种面材和板材组成
RC 结构的墙壁往往直接浇筑而成

木结构的墙壁

墙壁是分割空间的垂直面，按其不同的功能，分为外墙、内墙和分户墙等。还有一种分类方法则是根据其是否作为支承建筑物的主体，分为承重墙和非承重墙两大类。

墙壁的构筑方法，亦因结构种类的不同而各异。例如日本最常见的木结构建筑，过去多采用骨架工法建造。先用柱和梁等组成骨架（主体框架），再将布料贴在由骨架形成的基底上，最后做抹灰浆、铺瓷砖或粉刷等表面处理。采用此种工法，骨架中柱和梁外露的墙壁称为真壁（明柱墙），对柱和梁做隐蔽处理的墙壁称为隐柱墙大壁（隐柱墙）。

真壁，或采用板条基底抹灰浆的方式，或直接将装饰板贴在板条基底上；大壁，则在骨架中立间柱（垂直构件），再穿上横筋（水平构件）形成基底，最后将板材和面板贴在基底上【图 1】。在有些情况下，也可以不用横筋，直接在间柱上贴面板。构筑这样的墙壁，分为湿式工法和干式工法【表】。

不仅木骨架、作为建筑主体结构的木框架，也主要由木框和面材组合而成。木框使用截面为 2×4 英寸和 2×6 英寸的木方制作。

RC 结构和 S 结构的墙壁

RC 结构的墙壁采用混凝土浇筑方式构筑墙体，直接对墙体进行涂装，或者镶嵌瓷砖、石板和木板等。也有的另设一层基底，然后再做表面处理【图 2】。如设基底，可在墙体上固定木制或钢制的横筋，再将面板贴在横筋上。S 结构的墙壁，其框架中的钢筋与木材一样都是线材，因此成为骨架结构。多半采用干式工法，先用木材和钢构成基底，再将板材贴在上面，最后做表面处理。

图1 | 木结构墙壁的构成

①墙体 + 基底 + 贴面板

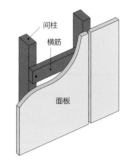

间柱
横筋
面板

②墙体 + 基底 + 瓦工处理

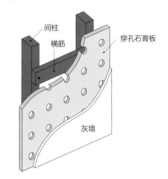

间柱
横筋
穿孔石膏板
灰墙

图2 | RC 结构墙壁的构成

①墙体 + 基底 + 贴面板

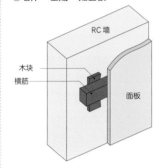

RC 墙
木块
横筋
面板

②墙体 + 贴面板 (GL 工法)

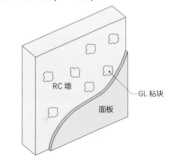

RC 墙
GL 粘块
面板

③墙体 = 混凝土浇筑

RC 墙 (浇筑)

表 | 湿式工法和干式工法

	处理方法	特点
湿式	在基底上做瓦工处理，用石膏、灰浆、硅藻土、涂料、粘土和纤维等涂装	· 无接缝的漂亮墙面 · 天然材料 · 具有较好的吸收及释放潮气性能
干式	在基底上贴装饰板，或以石膏板和复合板作基底，再贴上布料做涂装处理	· 无须待其干燥 · 不需要很高的技术

023

顶棚的构筑

Point 顶棚的形状可改变空间形象，根据功能和目的采用不同的顶棚形状
吊顶是一种利用拉杆等固定顶棚面的方法

形状和构筑方法的种类

顶棚是位于空间上方，并决定其垂直方向的领域。与要求高强度和耐久性的地面及墙壁相比，顶棚因很少受到结构上的制约，故选择范围更广，而且其形状也多种多样、富于变化。尽管总体上还是以沿水平面铺展的平顶棚为主，但因居住空间的功能和用途不同，故有时也会采用倾斜的、阶梯的或曲面的顶棚【图1】。

关于顶棚的构筑方法，分为露明顶、实顶和吊顶3种。露明顶原封不动地裸露着望板和屋顶的背面；实顶在望板和屋顶的背面直接涂装或者铺上板材；吊顶则用拉杆和螺栓固定悬空的顶棚。类似RC结构的建筑，为使居室空间得到充分利用，往往都采用实顶。不过，现在的室内设计，大多将筒灯、间接照明、排气管道和嵌顶式空调等藏入顶棚内，

因此吊顶成为最主要的选项。

基底和表面处理

不仅木结构房屋，即使RC结构的小型建筑，也多采用容易加工的木制构件作为吊顶的基底。基底由拉杆承梁、拉杆、横筋承梁和横筋等组成，将石膏板钉在基底上之后，再使用布料、涂料或灰浆等做表面处理（石膏板顶棚）【图2①】。此外，还有一种方法是，将复合饰板等从下面贴在吊顶横筋上（天地板顶棚）【图2②】。传统日式房间的薄板压边顶棚，因不设横筋承梁，故能够使基底变得简单化和轻量化【图2③】。

一般来说，RC结构和S结构的建筑均要以轻质钢筋制成顶棚的基底。与使用木材的情形相同，应设横筋及横筋承梁，使用螺栓悬吊固定。在悬吊螺栓上，带有可调整顶棚面高低的装置。

图1 | **顶棚的形状**

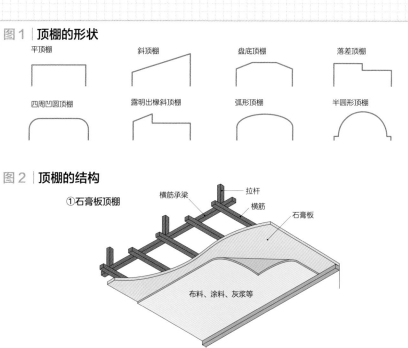

平顶棚　　　斜顶棚　　　盘底顶棚　　　落差顶棚

四周凹圆顶棚　露明出檐斜顶棚　弧形顶棚　半圆形顶棚

图2 | **顶棚的结构**

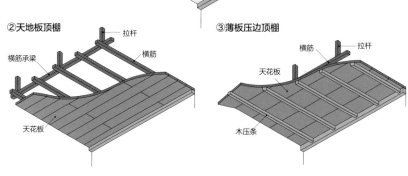

①石膏板顶棚

横筋承梁　　拉杆　　横筋　　石膏板

布料、涂料、灰浆等

②天地板顶棚

拉杆　　横筋

横筋承梁

天花板

③薄板压边顶棚

横筋　　拉杆

天花板

木压条

Pick UP! 　现场的各种说法

顶棚更需要设计

　　在规划空间时，如果按着从平面展开的思路，不管怎么说顶棚也排在最后阶段，因此很容易在设计上敷衍了事。然而，顶棚的设计恰恰是一点儿也不能马虎的。现在，建议你抬头看看空间的顶棚，你会发现那里其实有很多东西。诸如照明灯具、空调口、火灾报警器、自动喷头、检修口、紧急照明灯、指示灯，等等。在形状、大小和分属工程的类型方面五花八门，让人眼花缭乱。顶棚，或许是室内设计中最需要仔细梳理的部位。

024

细部及其用材

设计：STUDIO KAZ　照片：山本 MARIKO

Point 细部系主体工程完成后的装饰性工程的总称
自门槛上端至门上框下端的尺寸称为内距净高

明柱墙的细部

凡主体以外的装饰性木制工程统称为细部。此外，凡内净距、凹间、书房、席垫靠板、门窗箱、嵌入式家具、楼梯、壁橱、地板、顶棚以及不抹灰浆墙壁等处作为装饰的部分，相对于主体构件而言，亦可称为细部。装饰件常采用干燥的木材，这是为了避免因反翘和扭曲之类的变形而产生裂隙。

装饰件也会用在地面、顶棚、墙壁和门窗等处相互嵌合的部分。不过，将立柱等主体框架做外露处理的明柱墙【图1】与做隐蔽处理的隐柱墙【图3】，在使用装饰件的多少及其形状方面是不一样的。

传统日式房间常见的明柱墙结构细部，其开口部周围，由被称为门槛、门上框、横木板条和楣窗的内距材构成【图2】。所谓内距，系指两个相对构件内侧之间的尺寸。由于习惯上都将木结构建

筑自门槛上端至门上框下端的距离称为内距净高，因此日式房间的开口部周围及相关的工程亦被加上内距的名称。

在内净距中，用于门窗开合的门槛和门上框主要起着功能性作用，而横木板条和楣窗则体现出更多的装饰性。因此，对内距材种类和处理方法的选择，必须与各部位的条件相适应。

隐柱墙的细部

隐柱墙主要见于西式房间。然而，近来也越来越多地被用在日式房间中。因此，隐柱墙结构的细部及地面与墙壁的接合部均要设踢脚板。踢脚板的作用是，保护地板端部及防止污损，并且还可调节地面与墙壁相交的直线。踢脚板的处理方法也很多，如突出于墙面的凸踢脚板、陷入墙面的凹踢脚板以及与墙面一致的平踢脚板等。在墙壁与顶棚的接合处多使用脚线。但有时为了显得更简练，也可以不装脚线，而处理成凹槽。

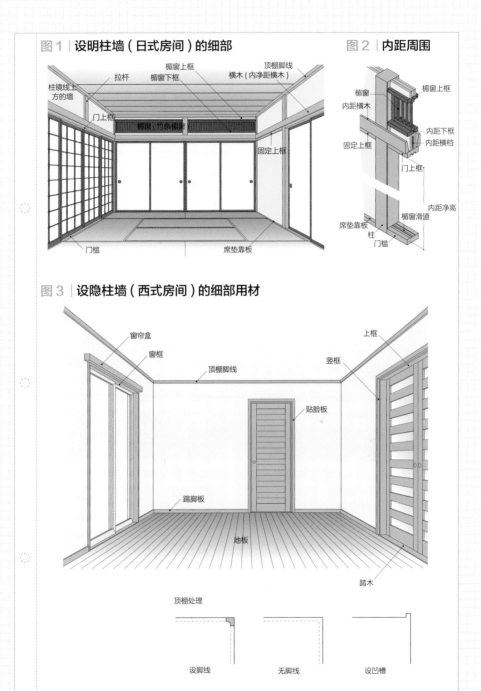

图1 | 设明柱墙（日式房间）的细部

拉杆
柱镜线上方的墙
门上框
楣窗上框
楣窗下框
顶棚脚线
横木（内净距横木）
楣窗（竹条楣窗）
固定上框
门槛
席垫靠板

图2 | 内距周围

楣窗
内距横木
固定上框
席垫靠板
楣窗上框
内距下框
内距横档
门上框
内距净高
楣窗滑道
柱
门槛

图3 | 设隐柱墙（西式房间）的细部用材

窗帘盒
窗框
顶棚脚线
上框
竖框
贴脸板
踢脚板
地板
踏木

顶棚处理

设脚线　　无脚线　　设凹槽

025

开口部
——门和窗

设计：STUDIO KAZ　照片：山本 MARIKO

Point 因开合方式不同，推拉门窗与平开门窗存在很大差别
推拉门窗可使室内面积得到充分利用，平开门窗的隔断性能更胜一筹

开口部的功能

以门窗为主的开口部，具有连接两个被分割的空间以及出入和透光的功能，并且还起到隔断的作用。开口部构件包括：由面材和边条组成的可动部，以及固定于墙壁、支承可动部的外框等。

开口部的功能要实现以下目的：打开时，可采光、通风、换气和眺望；关闭时，则能耐候、防水、抗风、遮光、隔声、绝热、防范和隐私等。假如单靠开口部无法获得理想的效果，就应增设门窗护板、窗帘和格栅等。

开口部还分为室外开口部和室内开口部，它们分别与建筑物外侧和内侧相接。墙壁和屋面的室外开口部均要求具有较高的遮断性能；相对于此，受风雨、冷暖和直射阳光影响较少的室内开口部，在木材等材料的选择上范围更广。

门窗种类

按照开合方式及其形状，可将门窗做这样的分类：推拉式、平开式、回转式、折叠式、翻卷式和滑开式等【图 1】。另外，安装在不同位置的门窗，也有各自的名称【图 2】。

推拉门所需要的滑轨被收纳在开口部内，可使室内面积得到更充分的利用。而且，即使在开放状态下，也不会有什么妨碍。

平开门与推拉门相比，遮断性更容易得到保证，也有利于隔声和防范等。对于平开门来说，考虑门扇朝哪个方向打开是件很重要的事。室外开口部，从防雨的角度出发，门扇几乎都是外开。可是，从安全方面考虑，由走廊进入房间的门要内开，对应紧急情况的厕所门设为外开等。总之，应根据房间的用途和配置以及使用方便与否决定门扇朝哪个方向打开。

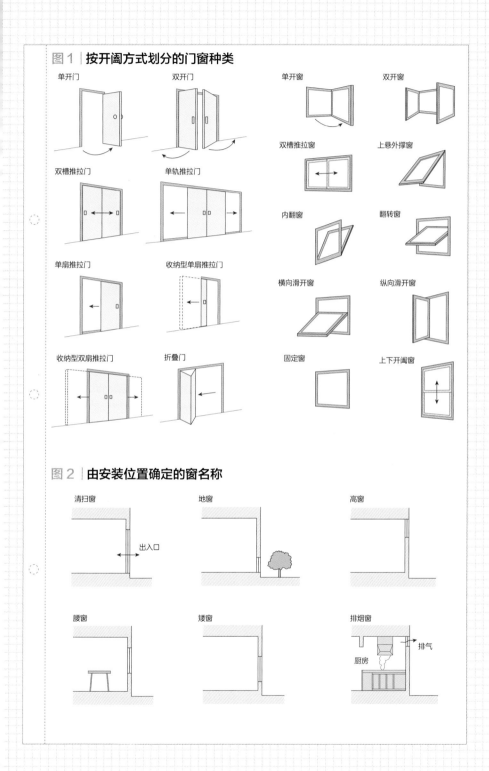

图1 | 按开阖方式划分的门窗种类

单开门

双开门

单开窗

双开窗

双槽推拉窗

上悬外撑窗

双槽推拉门

单轨推拉门

内翻窗

翻转窗

单扇推拉门

收纳型单扇推拉门

横向滑开窗

纵向滑开窗

收纳型双扇推拉门

折叠门

固定窗

上下开阖窗

图2 | 由安装位置确定的窗名称

清扫窗

出入口

地窗

高窗

腰窗

矮窗

排烟窗

排气

厨房

59

026

楼梯的形状

照片提供：KATSUDEIVARCHITECT 株式会社

Point 在确保强度和安全性的基础上考虑创意性
木制构件采用不易变形的集成材之类

楼梯形状的变化

楼梯是连接上下楼层、确保动线的阶梯状通道。人沿着这样的通道上下时，楼梯要承受比普通地面更多的荷载，因此必须保证具有足够的强度。而且，有高低差的楼梯也是避险通道之一，必须考虑如何使结构满足安全上的要求。此外，还应利用纵向的余裕构筑出空间，并将表现视觉动感的设计要素功能化。

由于踏面与缓步台组合方式的不同，楼梯的形状也多种多样【图1】。直楼梯的上下阶梯连成一条线，被用于移动距离长、层高小的场合。折返楼梯在层高中间设有缓步台，上下比较轻松。像弯楼梯、弧形楼梯和螺旋楼梯那样踏面呈辐射状配置的楼梯，必须确保踏面的有效宽度距其中心位置不小于300mm。

木制楼梯、RC 结构楼梯和钢骨架楼梯的特点

木制楼梯适合用来营造温馨的空间氛围。其种类有，被踏面两侧桁板固定的斜梁楼梯、由锯齿状桁板支承踏面端部的露明侧板楼梯以及依靠单梁固定的中梁楼梯等【图2】。木制楼梯多使用不易变形的集成材，但亦取决于设计上的需要。

充分利用混凝土墙及楼板的 RC 结构楼梯，其特点就在于可使踏面、踢脚和斜梁一体化。由于楼梯本身是作为建筑主体的一部分施工的，因此让人感到稳定和牢固【图3】。

至于钢骨架楼梯，需要对因结构而产生的振动和脚步声问题采取对策。如果已在工厂内焊接成型，则不可忽略怎样搬运的问题。最近，为使透过天窗的自然光照亮下层，也常常会见到使用钢化玻璃和网眼钢板作踏面的楼梯。

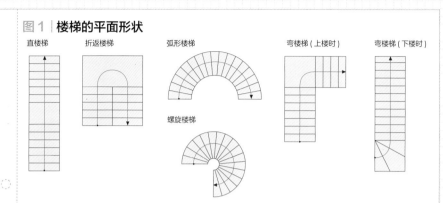

图1 | 楼梯的平面形状

直楼梯　折返楼梯　　　弧形楼梯　　　　弯楼梯（上楼时）　弯楼梯（下楼时）

螺旋楼梯

图2 | 木制楼梯的固定方式

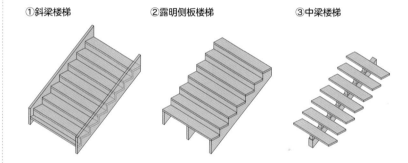

①斜梁楼梯　　　　②露明侧板楼梯　　　　③中梁楼梯

图3 | RC 结构楼梯的固定方式

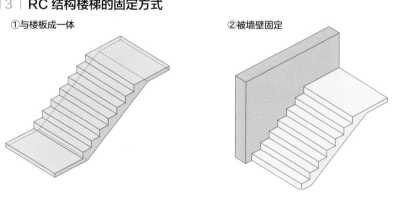

①与楼板成一体　　　　　　　　　　②被墙壁固定

027

楼梯的结构

设计·照片：STUDIO KAZ

Point 楼梯的坡度由踏步尺寸和踢脚尺寸决定
踏步、踢脚、楼梯宽和缓步台等，在建筑基准法中均有相应规定

楼梯的坡度

楼梯各个部位的名称，如【图1】所示。其中，踏步和踢脚会直接影响到楼梯的坡度。如果缩窄踏步、提高踢脚，楼梯坡度将变陡；反之，扩展踏步、降低踢脚，楼梯坡度则趋缓【图2、3】。假如楼梯坡度过陡，上下便会很困难，妨碍安全通行。然而，坡度太缓的楼梯，又合不上步幅，上下同样不方便。

踏步和踢脚的尺寸，根据楼梯的不同用途，均有相应的规定（日本建筑基准法施行令第23条1项）。此外，作为上下轻松的楼梯的指标，可参考下面的公式：

【2×R + T=630（单位：mm）※R= 踢脚、T= 踏步】

从安全方面考虑，可将踢脚凹进 0 ~ 30mm 左右，作为使踢脚板倾斜的斜度尺寸，踏步凸边的关联尺寸不复存在，使之成为一种简约的设计。

扶手和缓步台

以辅助上下和防止跌倒为目的的扶手，通常将高度设定在 800 ~ 900mm 之间。为防止滚落，缓步台处的扶手要确保 1100mm 的高度（日本建筑基准法施行令第 126 条）。辅助通行用扶手，一般设于楼梯内侧。至于安装方式，有的固定在墙壁上，有的则通过扶手柱固定于地面【图4】。前者多需要设置固定用基底；后者扶手柱间隔的内距应在 110mm 以下，以防止儿童从间隙中穿过。当扶手突出墙面超过 100mm 时，计算楼梯宽度须扣除超出部分（日本建筑基准法实施令第 23 条 3 项）【图5】。

楼梯中途的缓步台，不仅用于转换方向，也起到上下顺畅和防止跌落的作用。大层高住宅中的楼梯，要求每 4m 以内设一缓步台。在这方面，根据建筑的规模和用途均有相应的规定（日本建筑基准法实施令第 24 条 1 项）。

图1 楼梯各部位名称

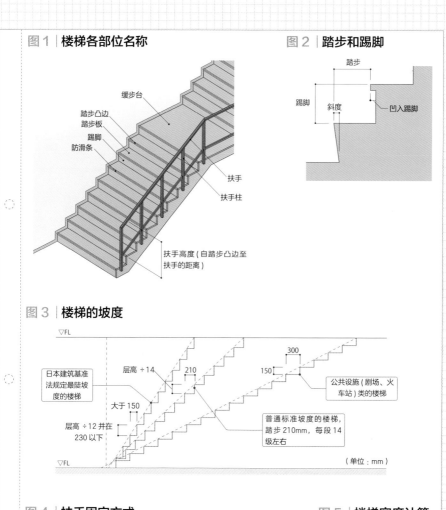

缓步台

踏步凸边
踏步板
踢脚
防滑条

扶手

扶手柱

扶手高度(自踏步凸边至扶手的距离)

图2 踏步和踢脚

踏步

踢脚
斜度
凹入踢脚

图3 楼梯的坡度

▽FL

日本建筑基准法规定最陡坡度的楼梯

层高 ÷14
210

大于150

层高 ÷12 并在230 以下

▽FL

300
150

公共设施(剧场、火车站)类的楼梯

普通标准坡度的楼梯,踏步210mm,每段14级左右

(单位:mm)

图4 扶手固定方式

①通过扶手柱固定在地面上

②固定于墙壁

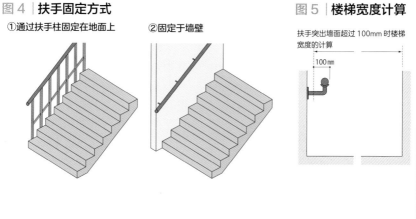

图5 楼梯宽度计算

扶手突出墙面超过100mm时楼梯宽度的计算

100mm

		触觉	视觉	耐久性	抗冲击性	耐磨损性	耐火性、耐热性	防水性、耐湿性	绝热性	耐污性	隔声遮音性	防滑程度
起居室兼餐厅	地面	◎	◎	◎	◎	◎	○	△	○	△	◎	△
	墙壁	◎	◎	○	△	△	○	△	○	○	◎	△
	顶棚	△	◎	○	△	△	○	△	○	○	○	△
卧室	地面	◎	○	○	△	△	○	△	○	△	◎	△
	墙壁	○	◎	○	△	△	○	△	○	○	◎	△
	顶棚	△	◎	○	△	△	○	△	○	○	○	△
儿童室	地面	◎	◎	○	○	○	○	○	△	○	◎	○
	墙壁	○	◎	○	○	○	○	○	○	◎	◎	△
	顶棚	△	◎	○	△	△	○	△	○	○	○	△
厨房	地面	○	◎	◎	○	◎	◎	◎	△	◎	△	◎
	墙壁	△	◎	○	△	○	◎	◎	△	◎	△	△
	顶棚	△	◎	○	△	△	◎	○	○	◎	△	△
洗漱间	地面	○	○	○	○	○	○	◎	△	◎	△	◎
	墙壁	△	○	○	△	○	○	◎	△	◎	△	△
	顶棚	△	○	△	△	△	○	○	○	○	△	△
浴室	地面	◎	○	○	○	○	○	◎	◎	◎	△	◎
	墙壁	△	○	○	△	○	○	◎	◎	◎	△	△
	顶棚	△	△	△	△	△	◎	◎	◎	○	△	△
走廊	地面	○	○	◎	○	◎	○	△	△	○	△	○
	墙壁	△	○	○	○	○	○	△	△	○	△	△
	顶棚	△	○	△	△	△	○	△	△	△	△	△
厕所	地面	○	○	◎	◎	◎	○	◎	△	◎	△	○
	墙壁	△	○	○	△	○	○	○	△	◎	△	△
	顶棚	△	○	△	△	△	○	○	○	○	△	△

◎ 特别重视　○ 重视　△ 一般　　　※ 表中数据系普通住宅指标。根据设计者和客户的想法，有时在处理上不尽相同

在家里，几乎大部分时间我们都以这样的状态度过：身体的某个部位要与地面接触。通常，日本人习惯上要特意脱鞋进入室内，每天的生活都离不开地面，因此也对其更加敏感。由接触地面产生的不同的心情，还会直接造成舒适度的差别。

反之，通常手够不到的顶棚，便很少有人会关注其触感和弹性如何，更在意视觉上的愉悦感。另外，虽然不应该忽略房间里大片墙壁的视觉效果，但因有时我们会将身体靠在墙上或用手触摸墙面，故心理感受对此所重视的程度要超过顶棚。

地面、墙壁和顶棚是建筑物构成的基本要素。这些要素能否让人感到满意，其侧重点亦各有不同。而且，地面、墙壁和顶棚除了应具有充分的强度和耐久性之外，每个空间还须满足各种功能性的要求。因此，不可能事无巨细、面面俱到，必须根据空间的目的和用途，分清各种功能的主次，择其要者植入设计方案中。

室内设计使用的材料及其表面处理

028

木质类材料 1

照片提供：AIOSHI 株式会社

Point 了解木材特性
掌握木材种类和木纹特点

作为自然材料的木材的特点

树木的优点是，不易导热、具有保温性和调湿性、不易结露、体轻而又坚固等。但也有缺点，如易燃、易腐、担心受虫蛀、因生节或扭曲导致强度降低、因过于干燥而出现反翘和裂纹之类的变形【图1】，以及不能批量制造同质产品等。然而，作为自然材料，其美丽的纹路和柔软温暖的触感所具有的魅力又弥补了自身的缺点。木材，是树木的干被锯分后制成的材料，主要由心材和边材构成【图2】。心材系靠近树心的部分，其中有略泛红色的，日语称之为"赤身"。另外，边材是指贴近树皮的部，颜色较浅的，也叫"白材"。一般说来，心材要比边材硬，而且强度高、不易变形和不易被虫蛀。

另外，在室内设计中实际使用的木材均须干燥处理。干燥的方法分为人工干燥和自然干燥两种，在干燥至符合其用途要求的含水率后即可运出。

针叶树和阔叶树

树木大体上分为针叶树和阔叶树【表】。针叶树也被称为软木树，树干笔直，木质柔软，并且多为高木，很容易制得通直的大材。阔叶树则被称为硬木树，多为木质坚硬的树种，但其中也有类似桐木和椴木那样比针叶树木质更软的树种。

将一根原木锯割成板材和木方被称为制材，而制材的好坏取决于截断面的纹理是否漂亮。根据制材的不同方向，还可做旋切和直纹的分类，彼此各有千秋【图3】。此外，原木瘤的切面可能现出罕见的特殊纹路，亦称"石南纹"应重视其所具有的珍贵价值。

表 | 木材种类

	产地	树种	用途
针叶树	日本产木材	杉……秋田杉(秋田)、鱼梁籁杉(高知)、屋久杉(鹿儿岛) 扁柏……长野县木曾、岐阜县背木曾、飞驿、和歌山县高野山 丝柏……青森 日本铁杉、红松、北海道松	建材、家具、雕刻、玩具、容器、木桶、筷子、木屐、浴桶、枕木、木箱和漆器木胎等
	北美产木材	北美扁柏、北美丝柏、北美杉、北美铁杉(hemlock)、北美松、美国樱桃、西洋白松	
	北美产及其他地区产木材	北美落叶松、北美针松、北美冷杉、北美红松、欧洲赤松、北美栎、北美乔松、台湾扁柏	
阔叶树	日本产木材	榉、水栎、水曲柳、杉、桐、栗、桦、壳斗、椴	地板、高级家具、高级建材和雕刻等
	南洋产	白沙罗双、红沙罗双、红木、花梨、黑檀、金丝檀木、柚木、红桉	
	北美、中南美木材	胡桃、白橡、白蜡、硬槭、巴西红木、桃花心木	
	非洲及其他地区产木材	苏木、古典苏木、黄金木、欧洲槲、白花崖豆木	

图1 | 木材的正面与背面

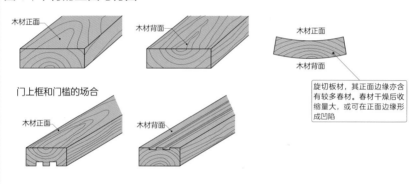

门上框和门槛的场合

旋切板材，其正面边缘亦含有较多春材。春材干燥后收缩量大，或可在正面边缘形成凹陷

图2 | 树木结构

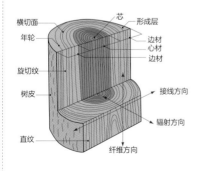

图3 | 制材

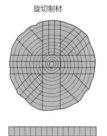
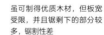
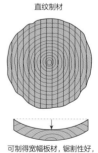

旋切制材

直纹制材

虽可制得优质木材，但板宽受限，并且锯剩下的部分较多，锯割性差

可制得宽幅板材，锯割性好，但横向易出现反翘

第3章 室内设计使用的材料及其表面处理

67

029

木质类材料2

Point 伐采后的树木仍可长时间生长
合理使用锯板、层压板和刨削板

锯板和层压板

从原木上切下来的方材和板材被统称为锯材。据说,伐采后的树木还将继续生长,并且延续的时间与之前的树龄相同。但因为树种和干燥程度的缘故,也存在一定的缺点:可能产生反翘和裂纹之类的变形。锯材多用于制作桌椅和柜台等,因其具有特别好的触感和厚重感。另外,利用粘结剂将碎木块和薄板粘接起来制成的大尺寸板材,被称为层压板。主要种类有:胶合板、LVL、集成材、木屑板、MDF和OSB等【图1、表】。

刨削板和饰面板

利用木材表面的肌理,将带有罕见美丽木纹的木材刨削成薄片,则成为刨削板【图2】。按其刨削薄片的厚度,可分为薄刨削板(厚0.18~0.4mm)、厚刨削板(厚0.5~1.0mm)和特厚刨削板(厚1.0~3.0mm)。刨削板多作为饰面板贴在基底的胶合板上,通常有3×6(910mm×1820mm)和4×8(1215mm×2430mm)两种规格。因几乎不存在这样大的树木,故须将刨削板相互粘接起来。需要注意的是,这并不是简单的对接,而是要通过不同的粘接方式构成各种各样的图案【图3】。至于饰面胶合板的价格,则因树种和木纹的不同而存在很大差异。特殊情形除外,一般3×6规格的每张售价从4500日元至20000日元不等。

此外,市场源源不断提供的刨削板,有的在品质和花色上都是以前不曾见过的。它们采用最新的染色、层压和切削技术制成,表面有着独特的花纹。假如想使受到内装限制的墙面显出木纹状,并要避免看上去像是贴了一层廉价的壁纸,则不妨使用经过耐燃认定的上等天然薄木片。

图 1 | 层压材的分类 （按构件种类、比重、制作方法和用途进行分类）

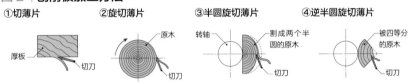

木材

| 构件 | 大小 | 大 | | | | | |

锯板（薄片）
单板（薄木片） —— 集成材 —— LVL
碎木片（木屑） —— 电路板 —— 胶合板
—— PSL
—— OSB
薄板 石膏板
木屑水泥板
绝缘板 木屑板
木纤维（纤维） MDF 硬质纤维板
小 MDF 硬质纤维板

框材 / 面材 【用途】
制作方法：干式 / 湿式

0　0.2　0.4　0.6　0.8　1.0　1.2（比重）

木屑板

软质纤维板 ← 中等硬度纤维板 → 硬质纤维板
普通木屑水泥板 ← 硬质木屑水泥板 　按 JIS 区分

图 2 | 刨削板加工方法

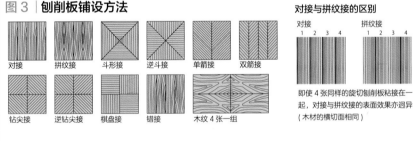

①切薄片　　②旋切薄片　　③半圆旋切薄片　　④逆半圆旋切薄片

①切薄片：厚板、切刀
②旋切薄片：原木、切刀
③半圆旋切薄片：转轴、割成两个半圆的原木、切刀
④逆半圆旋切薄片：被四等分的原木、切刀

图 3 | 刨削板铺设方法

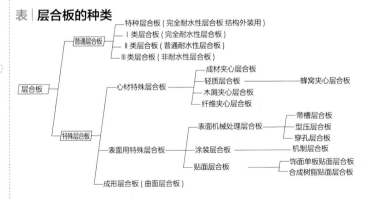

对接　拼纹接　斗形接　逆斗接　单箭接　双箭接
钻尖接　逆钻尖接　棋盘接　错接　木纹 4 张一组

对接与拼纹接的区别

对接　1 2 3 4
拼纹接　1 2 3 4

即使 4 张同样的旋切刨削板粘接在一起，对接与拼纹接的表面效果亦迥异（木材的横切面相同）

表 | 层合板的种类

层合板
- 普通层合板
  - 特种层合板（完全耐水性层合板 结构外装用）
  - Ⅰ 类层合板（完全耐水性层合板）
  - Ⅱ 类层合板（普通耐水性层合板）
  - Ⅲ 类层合板（非耐水性层合板）
- 特殊层合板
  - 心材特殊层合板
    - 成材夹心层合板
    - 轻质层合板 —— 蜂窝夹心层合板
    - 木屑夹心层合板
    - 纤维夹心层合板
  - 表面用特殊层合板
    - 表面机械处理层合板
      - 带槽层合板
      - 型压层合板
      - 穿孔层合板
    - 涂装层合板 —— 机制层合板
    - 贴面层合板
      - 饰面单板贴面层合板
      - 合成树脂贴面层合板
  - 成形层合板（曲面层合板）

030

金属类材料

照片提供：YKK AP 株式会社

Point 材料性质将影响到设计效果
了解表面处理和材料变化，掌握多种表面处理手段

铁和不锈钢

金属与其他材料一样，性能与加工手段密切相关。只有真正了解材料特有的性质，才能进行适当加工和构想出合理的设计【图】。作为建筑和家具的材料，铁是最常用的金属材料。铁具有如下特点：强度突出、加工容易、产品精度高和品质稳定等。由于纯铁十分柔软，因此须加入少量的碳、锰、硅、磷、硫等元素，使其性质与用途相符。其中经常添加的碳元素，依其含量的多少而产生不同的硬度。在工厂内做表面处理，主要采用密胺烤漆涂装和粉体涂装等方法。如系电镀，则以镀铬最为常见。

容易生锈是铁的缺点，而不易生锈的不锈钢，通过在铁中添加镍、铬、钼等元素，会形成坚固的氧化皮膜【表①】。如SUS304（18-8不锈钢），便含有18%的铬和8%的镍，可用于各种表面处理，其中用得较多的是厨房的天花板等【照片】。

非铁金属

铝与钢铁相比要轻得多（比重仅为钢铁的1/3），也很柔软。因具有优异的耐腐蚀性、良好的加工性和较高的再生性，铝的使用量逐年增加。不过，由于铝抗小R弯折的能力弱，焊接比较困难，因此需要在连接方法上动些脑筋。尽管如此，铝那柔和的外表仍颇具吸引力。铜，则是一种容易传导电和热的材料。而且，具有优异的耐腐蚀性和加工性，色彩和光泽也很漂亮。但因强度较低，不适合做结构部分。在自然条件下，铜会失去光泽，发暗变黑，并生出一层泛独特绿色的铜锈。在日本的传统文化中，对这种青铜器的欣赏有着很深的底蕴。其他常用的金属材料还有黄铜、钛和铅等【表②】。

表 | **用于室内设计的主要金属材料种类**

①铁类金属

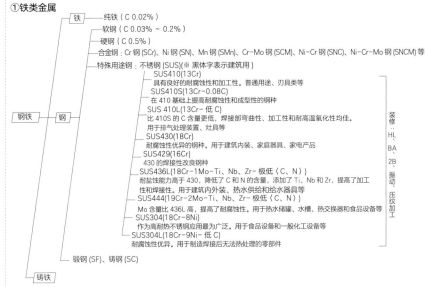

钢铁
- 铁
  - 纯铁（C 0.02%）
  - 软钢（C 0.03% ~ 0.2%）
  - 硬钢（C 0.5%）
  - 合金钢：Cr 钢 (SCr)、Ni 钢 (SN)、Mn 钢 (SMn)、Cr-Mo 钢 (SCM)、Ni-Cr 钢 (SNC)、Ni-Cr-Mo 钢 (SNCM) 等
  - 特殊用途钢：不锈钢 (SUS)（※ 黑体字表示建筑用）
    - SUS410(13Cr)
      具有良好的耐腐蚀性和加工性。普通用途、刃具类等
    - SUS410S(13Cr-0.08C)
      在 410 基础上提高耐腐蚀性和成型性的钢种
    - SUS 410L(13Cr- 低 C)
      比 410S 的 C 含量更低，焊接部弯曲性、加工性和耐高温氧化性均佳。
      用于排气处理装置、灶具等
    - SUS430(18Cr)
      耐腐蚀性优异的钢种。用于建筑内装、家庭器具、家电产品
    - SUS429(16Cr)
      430 的焊接性改良钢种
    - SUS436L(18Cr-1Mo-Ti、Nb、Zr- 极低（C、N））
      耐盐蚀能力高于 430，降低了 C 和 N 的含量，添加了 Ti、Nb 和 Zr，提高了加工
      性和焊接性。用于建筑内外装、热水供给和给水器具等
    - SUS444(19Cr-2Mo-Ti、Nb、Zr- 极低（C、N））
      Mo 含量比 436L 高，提高了耐腐蚀性。用于热水储罐、水槽、热交换器和食品设备等
    - SUS304(18Cr-8Ni)
      作为高耐热不锈钢应用最为广泛。用于食品设备和一般化工设备等
    - SUS304L(18Cr-9Ni- 低 C)
      耐腐蚀性优异。用于制造焊接后无法热处理的零部件
- 铸铁
  - 锻钢 (SF)、铸钢 (SC)

装修：HL、BA、2B 振动 压纹加工

②非铁类金属

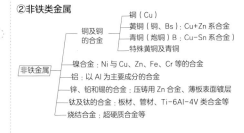

非铁金属
- 铜及铜的合金
  - 铜（Cu）
  - 黄铜（铜、Bs）：Cu+Zn 系合金
  - 青铜（炮铜）B：Cu-Sn 系合金
  - 特殊黄铜及青铜
- 镍合金：Ni 与 Cu、Zn、Fe、Cr 等的合金
- 铝：以 Al 为主要成分的合金
- 锌、铅和锡的合金：压铸用 Zn 合金、薄板表面镀层
- 钛及钛的合金：板材、管材、Ti-6Al-4V 类合金等
- 烧结合金：超硬质合金等

照片 | **厨房的操作台**

SUS304 不锈钢制厨房操作台
（板厚 4mm）

设计·照片：STUDIO KAZ

图 | **金属板加工种类**

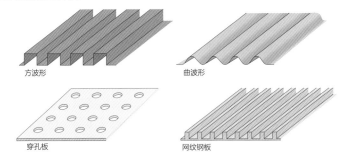

方波形   曲波形

穿孔板   网纹钢板

031

石材

设计·照片：STUDIO KAZ

Point 记住石材的种类，了解其特点
同样的石材亦因表面处理方式的不同而外观迥异

石材的种类

石材最大的特点是看上去高级豪华，且存在感也非常突出【照片】。石材还有很好的不可燃性、耐久性、耐水性、耐磨性和耐酸性。因此，具有100年以上历史的建筑，在欧洲随处可见。在日本，因为更重视结构上的坚韧性，所以石材多被用于装饰。石材的缺点是，加工性差、抗冲击能力弱、价格高和笨重等，而且大块的石材取之不易。

石材可按其构成方式分为几个类别，各个类别的特点也不尽相同【表】。天然石材中的花岗岩和变质岩，用于铺装地面的例子最为常见。花岗岩怕火，用在与火接触的场所不安全；大理石耐酸碱性差，不适合铺在男厕所小便器下的地面……要时刻记住，只有了解各种石材的特点，才不会在其使用场所和用途的选择上出错。

除了天然石材，也可使用人造石材。先用掺入大理石碎片的灰浆抹平，再将灰浆表面抛光，即所谓水磨石。

表面处理

石材因表面处理方式的不同而外观迥异。主要处理方式有：抛光、水磨和烧结等。泥板岩因呈层状剥离，故其肌理多半会被利用。大谷岩的特点是空洞多，并含有水分，一般采用切割纹路或细凿琢面处理。

石材比瓷砖更大、更厚，并且尺寸精度高，依靠自重即可附着于地面之上。因此，无需较宽的接缝亦能铺装得很整齐。从美观的角度上讲，接缝往往令人生厌，因而很多采用密接方式。不过，最近又出现一种新的铺装方法，为确保铺装石材的整体强度和防止水渗入地下，在接缝内充入嵌缝料。

表｜主要石材的种类、性质、用途及其表面处理方法

分类	种类	主要石材名称	性 质	用 途	适用处理方法
火成岩	花岗岩	(通称花岗岩)白色——稻田 / 北木 / 真壁 褐色——惠那锈 粉红色——万成 / 朝鲜万成(韩国)/ 粉红布鲁诺(西班牙) 红色——皇家红(瑞典)/ 花心红(美国) 黑色——浮金 / 折壁 / 瑞典黑(瑞典)/ 加黑(加拿大)/ 贝尔法斯特(南非)	硬 具有耐久性 耐磨性佳	[板石] 地面、墙壁 内外装 楼梯 桌面 平台等	水磨 抛光 粗琢 烧结 细凿琢面 花锤饰面 錾凿 粗琢 成凹凸面
	安山岩	小松石 / 铁平石 / 白丁场	由细结晶颗粒构成的玻璃质 硬、色暗 耐磨性佳 轻石的绝热性好	[板石]地面、墙壁外装 [方石]石墙基础	水磨 粗琢
水成岩(沉积岩)	泥板岩	玄昌石 / 仙台石以及中国多产的品种	层状剥离 暗色有光泽 吸水性差、强度高	葺屋顶用 地面、墙壁	粗琢 水磨
	砂岩	多胡石 / 米色砂岩·红色砂岩(印度)	无光泽、吸水性好 易磨损 易脏	地面 墙壁 外装	粗琢 粗琢
	凝灰岩	大谷石	质地轻软 吸水性好 耐久性差 耐火性强、脆	墙壁(内装) 壁炉 仓库	细凿琢面 锯割面
变质岩	大理石	白色——雪花 / 比安可卡拉拉(意大利)/ 西贝科(原南斯拉夫) 米色——伯蒂奇诺·贝尔蒂诺(意大利) 粉红色——粉彩奥罗拉(葡萄牙)/ 挪威粉彩(挪威) 红色——罗索卡特尔(意大利)/ 红波纹(中国) 黑色——黑金花(意大利)/ 残雪(中国) 绿色——深绿(中国) 洞石——罗马洞石(意大利)/ 田皆 缟玛瑙——琥珀缟玛瑙(原南斯拉夫)/ 富山缟玛瑙	石灰岩系经高热高压结晶而成 有美丽光泽 坚硬致密 耐久性适中 怕酸,置于室外会逐渐失去光泽	内装的地面、墙壁 桌面 平台	抛光 水磨
	蛇纹岩	蛇纹 / 贵蛇纹	近似大理石抛光后可呈现美丽的黑、深灰或白色花纹	内装的地面、墙壁	抛光 水磨
人造石	水磨石	种石——大理石 / 蛇纹岩		内装的地面、墙壁	抛光 水磨
	仿石(铸石)	种石——花岗岩 / 安山岩		墙壁、地面	细凿琢面

注：石材名称，往往会因销售商不同而存在差异

照片｜用石材装饰的走廊

公寓改造案例。左侧墙壁由变化的绿蓝色墙面、泥板岩及其他素材构成，视线被吸引到里面的塔里艾森式照明灯具上

设计·照片：STUDIO KAZ

032

瓷砖

设计·照片：STUDIO KAZ

Point 了解各种瓷砖的区别
应将接缝看做设计的一部分

瓷砖种类

瓷砖本来是一种陶瓷器产品的总称，这种陶瓷器产品先以含有黏土及岩石成分的天然石英和长石等为原料制成薄板，然后再进行烧结。它的优点是，有较好的耐火性、耐久性、耐药性和耐候性；缺点是，不易制成大规格，抗冲击性差。瓷砖可分别按用途、材质、形状、尺寸和工艺加以分类。

根据烧结温度的不同，瓷砖被分成瓷质、石质、陶质等类别【表】。另有一种被称为半瓷质的，则包括在陶质中。此外，还可分为施釉和无釉两类，施釉的瓷砖要先涂釉后烧结。

单片尺寸为50mm以下见方的瓷砖被称为马赛克，因其可拼接出各种图案、表现力十分丰富而颇受欢迎【照片】。最近，又出现很多用玻璃质材料制成的马赛克，那种透明感很是吸引人。随着工艺技术的提高，大规格的优质瓷砖也能够生产了，而且有着马赛克

一样的人气。有一种用来铺装室内外地面的赤土陶砖，也叫做素烧砖，由于外表古朴而为人们所喜欢。只是吸水率较高，容易被染成杂色和产生风化现象。因此，须使用防水材料和石蜡进行处理。另外，素烧砖一般较厚，讲究铺装的方法。不过，也有一种赤土陶砖，可表现出素烧砖的质感，却消除了它的缺点。

接缝的设计

瓷砖与瓷砖之间的空隙被称为接缝。适当处理过的接缝，不仅具有防止水渗入瓷砖背面地下、避免瓷砖剥离或翘起的功能，而且还能让尺寸精度不高的瓷砖铺装得整整齐齐【图1、2】。接缝在设计上也很重要，最近发现不少这样的设计：利用凹接缝突出阴影。过去，接缝只有单一的颜色；现在，已经有了产品化的彩色接缝。即便使用相同的瓷砖，亦会因接缝颜色的区别而给人留下很不一样的印象。

表｜瓷砖种类

质地	吸水率	烧结温度	日本产地	进口瓷砖产地
瓷质	1%	1250℃以上	有田、濑户、多治见、京都	意大利、西班牙、法国、德国、英国、荷兰、中国、韩国
石质	5%	1250℃左右	常滑、濑户、信乐	
陶质	22%	1000℃以上	有田、濑户、多治见、京都	

图 1｜接缝种类

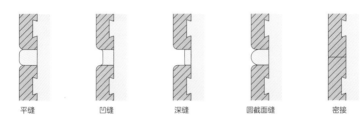

平缝　　　　凹缝　　　　深缝　　　　圆截面缝　　　　密接

图 2｜瓷砖铺装方式

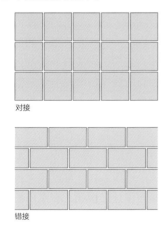

对接

错接

照片｜铺瓷砖的走廊案例

设计：STUDIO KAZ　照片：Nac á sa & Partners

032

玻璃

设计·照片：*STUDIO KAZ*

Point 了解玻璃所具有的两面性
将玻璃的特点应用在设计上

什么样的玻璃发脆

玻璃有两个性质，一是因由液体凝固而成，故具有称为玻璃质的流体性质；再有就是矿物质性质，而且坚硬的程度只有使用最硬的金刚石才能切割。前者见于曲线造型的新艺术样式灯具和花瓶；后者则可从捷克的雕花玻璃、江户切子和萨摩切子的璀璨闪光上看到。一般的玻璃都很脆，容易破裂。因此，承受拉伸和冲击的能力也很弱，但耐压的能力却非常强。

室内设计中使用的玻璃大多是玻璃板【表】，以浮法工艺制成的平滑无应变的浮法玻璃板为主，并对其进行二次加工。近些年来，常可见到一种玻璃制碗状洗面盆，使玻璃在室内设计中的应用被进一步拓展。

玻璃的用法

玻璃最大的特点就是透明。5mm 厚的透明浮法玻璃板，其可视光线的透过率竟达到 89% 左右。可是，玻璃本身却呈绿色，并且随着厚度的增加，颜色也越来越深。店铺等处的室内设计，有时会利用这样的绿色与木格窗形成鲜明的对比【照片】。玻璃还具有直接透过光线的性质，自木格窗射入的光线全部透过玻璃投到相反一侧。这是店铺常用的设计手法。此外，光纤也是利用玻璃的这一性质，而且最近越来越多地被用于照明设计。例如，在室内游泳池等处安装水中照明时，如果能够预设光纤系统，就不必因更换灯泡而将泳池内的水放掉。由设在大厦屋顶上的采光机收集的阳光，通过光纤进入地下室，可进行植物栽培。

表 | 玻璃种类

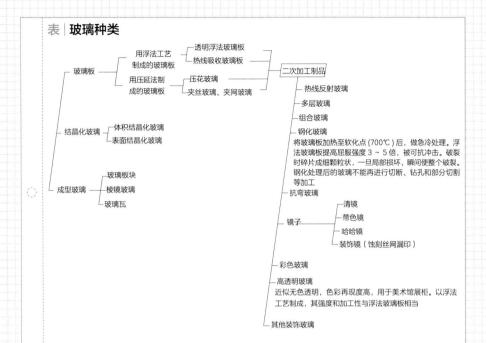

```
                        ┌─ 用浮法工艺     ┌─ 透明浮法玻璃板
                        │  制成的玻璃板   └─ 热线吸收玻璃板 ──┐
            ┌─ 玻璃板 ──┤                                    │
            │           │  用压延法制      ┌─ 压花玻璃        ├─ 二次加工制品
            │           └─ 成的玻璃板 ─────┤                  │
            │                              └─ 夹丝玻璃、夹网玻璃
            │                                                 ├─ 热线反射玻璃
            │                                                 ├─ 多层玻璃
            │                                                 ├─ 组合玻璃
            │           ┌─ 体积结晶化玻璃                     ├─ 钢化玻璃
            ├─ 结晶化玻璃┤                                    │  将玻璃板加热至软化点(700℃)后,做急冷处理。浮
            │           └─ 表面结晶化玻璃                     │  法玻璃板提高屈服强度3~5倍,被可抗冲击。破裂
            │                                                 │  时碎片成细颗粒状,一旦局部损坏,瞬间便整个破裂。
            │           ┌─ 玻璃板块                           │  钢化处理后的玻璃不能再进行切断、钻孔和部分切割
            └─ 成型玻璃 ┤ 棱镜玻璃                            │  等加工
                        └─ 玻璃瓦                             ├─ 抗弯玻璃
                                                              │           ┌─ 清镜
                                                              │           ├─ 带色镜
                                                              ├─ 镜子 ────┤
                                                              │           ├─ 哈哈镜
                                                              │           └─ 装饰镜(蚀刻丝网漏印)
                                                              ├─ 彩色玻璃
                                                              ├─ 高透明玻璃
                                                              │  近似无色透明,色彩再现度高,用于美术馆展柜。以浮法
                                                              │  工艺制成,其强度和加工性与浮法玻璃板相当
                                                              └─ 其他装饰玻璃
```

照片 | 玻璃格架

设计·照片:STUDIO KAZ

第 3 章　室内设计使用的材料及其表面处理

034

树脂 1

照片提供：株式会社 TAJIMA

Point 我们在塑料的包围中生活
使用带 F ☆☆☆☆标识的粘结剂、涂料和建材

塑料类内装材

所谓树脂，原本指天然树脂，从古代开始就作为涂料使用，尤其被当成珍贵的船只防水材料。不过，到了现代，通常所说的树脂，多指合成树脂而言，并且几乎都以石油作为原料，其性质与天然树脂十分相近。

如今，在室内装修中会用到各种各样的树脂制品。其中被称为壁纸的材料，差不多都是以聚氯乙烯为主料制成的一种乙烯布料。在沾水的或大型的空间中，也多使用塑料类地面铺装材。塑料类地面铺装材分为密封层和饰面层。密封层还分为带发泡层和不带发泡层两种类型。因饰面层及密封层不同的厚度、性能、缓冲性和图案等，决定了制成的产品也形形色色，可根据使用场所的用途及所要求的条件从中选择。

从宽泛的意义上说，用于制作地毯和窗帘等的合成纤维，其实也是塑料类材料。由此可见，我们身边的塑料已多到何种程度【表1】。

涂料和粘结剂

塑料类地面铺装材的施工，自然也会像铺地板那样使用粘结剂。不过，这是一种树脂类材料。还有地板和家具为防止污损也要进行涂装，其中多使用树脂类涂料。此外，类似工厂、医院和实验室等避讳接缝的现场地面，使用树脂类涂料做处理的也不少。

然而，最流行的地面铺装仍是实木地板，树脂类涂装材料毕竟缺乏天然材料的质感，因此变得没有意义。因此，以天然涂料和蜂蜡等做表面处理的又多了起来。

表 1 | 塑料种类

树脂的种类		用途等
热塑性树脂	聚乙烯树脂	吹塑成形的椅背及椅座、家庭用塑料袋和啤酒瓶转运箱等
	聚丙烯树脂	座椅被套、扶手、靠背芯材、打包带等
	氯乙烯树脂	桌面饰边材、编织物及合成革、农用薄膜、硬质管等
	ABS 树脂	桌椅回转装置连接盖板、电气仪表外壳等
	聚酰胺 (尼龙) 树脂	椅子腿脚帽、万向脚轮、齿轮、滚轴等驱动部分和电气仪表外壳等
	聚碳酸酯树脂	家具门的面材、照明灯具等
	丙烯酸树脂	家具、隔断、广告牌、仪表盘、冰箱及风扇的部件等
热固性树脂	酚醛树脂	椅座 (浸入层合板中使之强化)、耐水层合板用黏结剂等
	不饱和聚酯树脂	椅座、浴槽、防水盘等
	密胺树脂	桌面材 (密胺饰面板) 等
	聚氨酯树脂	椅座缓冲材 (聚氨酯垫、聚氨酯成型材)、泡沫块、弹性块、合成革、涂料等
可降解树脂		微生物生产树脂、以淀粉为原料的树脂、化学合成的树脂

表 2 | 按甲醛挥发速度所做的分级及其限制

JIS、JAS 的分级	甲醛挥发速度	建筑材料区分	内装处理限制
F☆☆☆☆	在 0.005mg/m²h 以下	非建筑基准法规范对象	不限制使用
F☆☆☆	从 0.005mg/m²h 至 0.02mg/m²h	第 3 种甲醛挥发建材	限制使用面积
F☆☆	从 0.02mg/m²h 至 0.12mg/m²h	第 2 种甲醛挥发建材	限制使用面积
——	超过 0.12mg/m²h	第 1 种甲醛挥发建材	禁止使用

※ 测定条件：温度 28℃、相对湿度 50%、甲醛浓度 0.1mg/m3 (= 仅表值)

Pick! UP. 现场的各种话题

楼宇综合症

　　自 20 世纪 90 年代起，由粘结剂和涂料等所含挥发性有机物 (VOC) 引起的"楼宇综合症"便成为严重的问题。为此，各家厂商相继开发出多种 VOC 散发量较少的建材、壁纸、粘结剂和涂料。2003 年，修订后的建筑基准法，又根据甲醛挥发速度做了分级 [表 2]，使之成为法律规范。分级用 F+1 ～ 4 个☆来表示，其中只有 F ☆ ☆ ☆ ☆ 可以不受限制地使用。F ☆☆和 F ☆ ☆ ☆则表示可有条件地使用。不过，由于厂家的努力，目前正在销售的粘结剂和涂料几乎都属于 F ☆ ☆ ☆ ☆级，可以放心使用。

035

树脂 2

照片提供：MRC·DUBON 株式会社

了解日新月异的树脂加工技术
被人们关注的循环再利用和可降解树脂

家具表面处理用树脂

　　家具也有很多使用树脂类材料。作为表面处理材，会使用聚酯饰面板、密胺饰面板、氯乙烯膜和烯烃片等。与涂装表面处理相比，贴饰面材不仅成本低，而且能够做到更加平整。另外，饰面材也适于批量生产，因而在制造整体厨房、系列家具和办公家具等的过程中得到广泛应用。

　　过去，凡贴树脂层合板的家具都被看成廉价货。随着工艺技术水平的不断提高，不仅可显示木纹的凹凸，甚至能够再现出木纹的古旧风，从而拓宽了其应用范围。毋庸讳言，一般住宅的室内设计师对此并不首肯。尽管如此，出于性价比的考虑，用其装饰洗漱间台面的例子也不少见。

　　另外，近来在厨房操作台上被广泛采用的人造大理石，其中一大部分所用的材料便是甲基丙烯酸类树脂。

制品用树脂

　　除了用于表面处理之外，看看我们周围，会发现有许多小物件和家具等也由树脂制成。它们先通过各种加工方法成形，然后又做了表面处理【表】。在对树脂做成形加工时，需要大量的金属模具。由于金属模具的造价很高，因此不适合单件小批量的生产。

　　不过，随着计算机技术的发展，零部件及其加工装具的设计已逐渐三维 CAD 化。利用这些数据，进一步提高了由电脑控制的加工技术，通过使用 NC 数控切削工艺和光固化树脂的光成型方法，从而使单件小批量生产成为可能。

　　从另外一个角度看，树脂亦因成为破坏环境的要素之一而备受指责。所以，近些年来，人们又将关注的焦点放在树脂的再利用、焚毁技术和可降解等方面。

表｜树脂加工方法

成型方法	加工的树脂	方法等
注塑成型	热塑性树脂 热固性树脂	将熔融的树脂注入金属模内成型，适合大批量生产，并可制成复杂形状。多用于较小的零部件
挤出成型	热塑性树脂	熔融树脂被连续挤入金属模内，制成品截面恒定。因模具造价低，故多用于售价便宜的产品
中空成型（吹塑）	热塑性树脂	用金属模夹住树脂，向中间吹入空气，使之成为气球状，最后成型。用于制造椅座和 PET 瓶等
真空成型	热塑性树脂	将片状树脂加热使之软化，再将空气从设在模具上的孔抽出，使软化的树脂片被吸附在模具内壁上成型。用于制造照明灯具的伞罩和餐具托盘等
压缩成型	热塑性树脂 热固性树脂	将加热后的树脂填入金属模，再根据需要抽出气体，同时依靠压力和热量使之成型，待冷却后取出

照片｜树脂制品示例

油烟机盖面板：抗菌密胺不燃饰面板
为不让人注意到抽油烟机，将其与家具做同样的表面处理

台面：人造大理石
使用可无缝拼接的人造大理石做饰面。因与现场组装的橱柜之间没有接缝，成为一体，故整个台面均可利用

墙面：抗菌密胺不燃饰面板
可提高炊具周围受热墙面的耐磨性和耐热性。因材料规格较大，故铺装后接缝也少

门扇：密胺饰面板
门扇使用耐磨性优异的密胺饰面板

内部：聚酯饰面板
橱柜内部，从性价比上考虑，使用较密胺饰面板更便宜的聚酯层合板

台面：人造大理石
厨房操作台的面板因经常沾水，故使用防水性优异的人造大理石

橱柜侧面：密胺饰面板

设计：STUDIO KAZ　照片：垂见孔士

Pick! UP.
现场的各种话题
丙烯酸树脂

　　丙烯酸树脂是合成树脂中透明度极高的一种。因此很早就成为玻璃的代用品。可是，到了 20 世纪 60 年代后期，设计师仓俣史郎发表的作品中，有许多大量采用丙烯酸树脂制造的家具和物件。从此，不仅丙烯酸树脂成为一种可用材料，而且其加工技术也日益提高。继仓俣史郎之后，还有许多设计师开始将丙烯酸树脂用于家具和内装。笔者作为其中的一员，也曾做过一些尝试。"fata"就是用透明丙烯酸树脂夹住镜片，使之类似于在宇宙中飘浮的装饰品。那映照在镜中的天宇影像，让人产生一种难以捉摸的虚幻感，就好像镜子里现出妖魔一样 [右侧照片]。"cubo"是一幅放在金属平板凹陷处的照片，只将丙烯酸树脂方框的上半段显露出来。侧面则完全隐蔽起来，仅使周围的风景映在上面。[左侧照片]。

照片：STUDIO KAZ

036

纸类材料

照片提供：MOLZA 株式会社

 Point 日本纸在世界上的知名度越来越高
纸作为廉价的室内装修材料，自古以来便广受欢迎

引人注目的和纸

在日本，纸张按照所使用的原料分成和纸与洋纸两大类。和纸以楮、雁皮及结香为原料，洋纸的原料则是纸浆。和纸的纤维要比洋纸长，被认为更结实。因此，和纸作为一种文物修复材料，在世界各地都被广泛使用。并且，也被用来制作工艺品和家具，以及一些需要长久保存的物件【照片1】。

在室内设计中，和纸从很早开始就被用于隔扇、拉门和屏风等。近些年来，和纸在世界上的知名度越来越高。以主要产地命名的和纸有越前和纸、美浓和纸、土佐和纸等。

生产效率低，决定了和纸的高价格。再加上廉价洋纸的排挤，导致和纸的使用量逐年减少。不过，值得注意的是，和纸各产地也正尝试着发挥自己在特色上的优势。

另外，芳族聚酰胺纸虽不是和纸，但因其耐火、耐热性好，透光时与和纸十分相像，故亦常被用来制作灯伞。

纸类材料的拓展

尽管如今已几乎变成乙烯布的天下，但如同"壁纸"的叫法一样，它原本是纸。这种最初始于中国的技术，首先被传到欧洲。19世纪后期，在由威廉·莫里斯设计的壁纸上，便印有许多以植物为题材的图案（唐草纹样）。随着批量生产技术的逐步实现，印有唐草纹样的壁纸也被推广到全世界【照片2】。至于洋纸的材料纸浆，则是由木材制成。

正因为如此，纤维板的表面看上去也像一张纸【见本书69页】。其中的硬质纤维板，虽然按照流通路径来说也被划入木质材料一类，但从成型工艺等方面考虑，或许亦可将其看成纸类材料。

照片 1 | 使用和纸制成的照明灯具	照片 2 | 威廉·莫里斯壁纸

AKARI 系列／野口勇　照片提供：山边株式会社

照片提供：HIP/PPS

Pick! UP. 现场的各种话题

纸管与纸板

　　自 20 世纪 80 年代后半期开始，建筑师坂茂尝试着用纸管营造建筑物。其中印象尤为深刻的是，在阪神淡路大地震期间为灾民搭建的临时住宅和教堂。除此之外，他还设计了其他一些用纸管作材料的建筑。另外，对于包装用的硬纸板，我们也很熟悉。1972 年，弗兰克·O·盖里最早设计出使用硬纸板制作的家具（照片）。

　　轻质是纸的特点，而纸管和硬纸板的恒定方向性又极高，再加上有很高的强度，综合起来使之成为一种颇具吸引力的材料。最近，通过对纸做特殊处理，增强了原本是纸的弱点的耐水性和耐火性，从而使其作为内装材料的可能性进一步提高。

wiggle side chair ／ 弗兰克 .O. 克里
照片提供：hhstyle.com 青山本店

037

榻榻米、植物纤维类铺地材

照片提供：株式会社上田铺装工厂

Point 榻榻米适合日本的风土
榻榻米具有抗菌性

榻榻米

榻榻米的下部是由藤和稻草制成的芯，再覆盖一层蔺草编织成的席面【图】。榻榻米具有较好的弹性、保温性和遮音性。日式房间的氛围之所以让人感到静寂和恬适，也是因为主要使用榻榻米、和纸、沙土和木材作为空间构成元素的缘故，这些材料无一不具有良好的吸音性。可以说，像木材那样既可吸收水分、又能释放湿气的材料，更适合在日本的高湿度环境中使用。另外，它不仅像木材那样色调柔和、清香怡人，还具有抗菌性。

榻榻米分为长宽比1：2的长方形（1席）和正方形（半席）两种。短边一侧编入榻榻米席面，长边一侧用席缘包边。最近，又出现一种没有席缘的不包边榻榻米【照片1】。榻榻米的席面分为备后席面和琉球席面两种。琉球席面因耐久性好，故可用于不包边榻榻米。年

深日久，席面会逐渐褪色或被磨破。因此，需要定期翻面和更换（换席面）。最近，还见到采用合成纤维编织成的席面，或只是在表面压出类似草席那样花纹的席面。同样，也出现了一种建材榻榻米（化学榻榻米），其芯是隔热板与聚苯乙烯泡沫的层合物。虽因质轻搬运起来很轻松，但透气性和踏在上面的感觉却不尽人意。相对于这种建材榻榻米，使用稻草和藤制成的床垫被称为真榻榻米。

植物纤维类铺地材

作为地面铺装材，除了榻榻米之外，还可使用藤、竹、剑麻和椰棕等。先用这些材料制成边长300～500mm的正方形或其他形状的铺地材。如编织成大块，则可像成卷的地毯那样将地面全部覆盖起来【照片2】。类似这样的铺地材，能够承受频繁踩踏（即使不特定多数人穿鞋在上面行走也无妨）。因此，也可用于大型公用设施的地面铺装。

图｜榻榻米

榻榻米各部名称

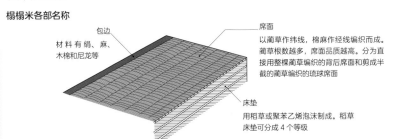

材料有绢、麻、木棉和尼龙等
包边

席面
以蔺草作纬线，棉麻作经线编织而成。蔺草根数越多，席面品质越高。分为直接用整棵蔺草编织的背后席面和剪成半截的蔺草编织的琉球席面

床垫
用稻草或聚苯乙烯泡沫制成。稻草床垫可分成4个等级

榻榻米芯种类 (真榻榻米)

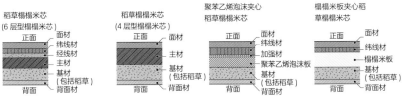

稻草榻榻米芯
(6层型榻榻米芯)
正面
面材
纬线材
经线材
主材
基材
(包括稻草)
背面
背面材

稻草榻榻米芯
(4层型榻榻米芯)
正面
面材
主材
加强材
基材
(包括稻草)
背面
背面材

榻榻米芯种类 (建材榻榻米)

聚苯乙烯泡沫夹心稻草榻榻米芯
正面
面材
纬线材
聚苯乙烯泡沫板
基材
(包括稻草)
背面
背面材

榻榻米板夹心稻草榻榻米芯
正面
面材
纬线材
榻榻米板
基材
(包括稻草)
背面
背面材

照片1｜铺无边榻榻米的房间

设计：STUDIO KAZ　照片：山本 MARIKO

照片2｜西沙尔麻地毯

照片提供：株式会社上田铺装工厂

038

布料、地毯

照片提供：
VORWERK カーペット日本总代理店
株式会社 ATERIA

 有天然纤维和化学纤维两种
不仅地毯的种类，采用不同铺装方法也会改变空间的氛围

纤维和布料的分类

布料的纤维可分为天然纤维和化学纤维两种。天然纤维又分成棉麻之类的植物纤维，以及丝绸、羊毛、羊绒和马海毛纱等动物纤维。除此之外，还有矿物纤维。

天然纤维的特点是：触感好、比较耐燃、有吸水性以及突出的染色性等。但也有它的缺点：易被虫蛀，价格较高。与此相对，化学纤维虽然很适宜批量生产，价格便宜，而且耐磨性突出，但却易燃，不具吸水性。此外，易产生静电也是化学纤维的缺点。人造丝、丙烯酸树脂、尼龙和涤纶等均为有代表性的化学纤维。

用这些纤维织成的产品统称为布料，并依据加工方法的不同，进而分为纺织品、针织品、网织品、毡毯和无纺布等。

在室内设计中的应用

布料的特点是，吸音性、绝热性、保温性和触感都比较好。因此，常被用来制作室内设计中的窗帘、地毯、椅子及沙发的包面、卧具和台布等。

地毯虽具有较好的踩踏感、保温性、安全性、吸音性和节能性，但缺点是织缝内易落入灰尘或被水浸湿。因此，类似厨房、洗漱间和厕所那样沾水的地面，几乎都不能铺装。

根据制作方法和表面肌理（绒毛形状），地毯也被分成许多种类【表1、2】。

地毯的铺装方式有满铺、局部铺、不固定铺和固定铺等。最常见的满铺方式，有一种叫做"卡勾固定"的铺设方法，先在房间四周地面上用钢钉安设带卡钩的木条，再将地毯张紧挂在卡钩上固定。

表1│地毯按制作方法分类

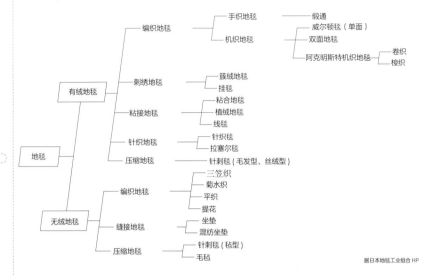

```
地毯 ─┬─ 有绒地毯 ─┬─ 编织地毯 ─┬─ 手织地毯
      │            │            └─ 机织地毯 ─┬─ 缎通
      │            │                         ├─ 威尔顿毯（单面）
      │            │                         ├─ 双面地毯
      │            │                         └─ 阿克明斯特机织地毯 ─┬─ 卷织
      │            │                                                └─ 梭织
      │            ├─ 刺绣地毯 ─┬─ 簇绒地毯
      │            │            └─ 挂毯
      │            ├─ 粘接地毯 ─┬─ 粘合地毯
      │            │            ├─ 植绒地毯
      │            │            └─ 线毯
      │            ├─ 针织地毯 ─┬─ 针织毯
      │            │            └─ 拉塞尔毯
      │            └─ 压缩地毯 ─── 针刺毯（毛发型、丝绒型）
      │
      └─ 无绒地毯 ─┬─ 编织地毯 ─┬─ 三笠织
                   │            ├─ 菊水织
                   │            ├─ 平织
                   │            └─ 提花
                   ├─ 缝接地毯 ─┬─ 坐垫
                   │            └─ 混纺坐垫
                   └─ 压缩地毯 ─┬─ 针刺毯（毡型）
                                └─ 毛毡
```

据日本地毯工业组合 HP

表2│地毯按图案分类

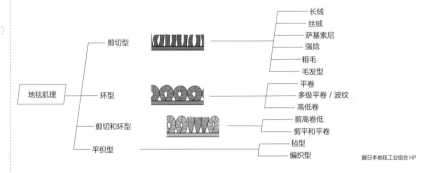

```
地毯肌理 ─┬─ 剪切型 ─┬─ 长绒
          │          ├─ 丝绒
          │          ├─ 萨基索尼
          │          ├─ 强捻
          │          ├─ 粗毛
          │          └─ 毛发型
          ├─ 环型 ─┬─ 平卷
          │        ├─ 多级平卷 / 波纹
          │        └─ 高低卷
          ├─ 剪切和环型 ─┬─ 剪高卷低
          │              └─ 剪平和平卷
          └─ 平织型 ─┬─ 毡型
                     └─ 编织型
```

据日本地毯工业组合 HP

Pick! UP. 现场的各种话题

in-tra fogliodi FELTRO

　　一些建筑师朋友常于 kagu-评议会举行活动。有时也会举办家具展，其中一件家具（或类似物件）由毛毡制成。这是将 1.8m 见方（相当于两块榻榻米大小）的毛毡围成可容 1 人站入的空间，使其变换成不同的形态，找到自身与社会的关联，并尝试对其加以重构。FELT 与 FILTER 的意思相同，将置于都市中的 FELTRO 作为划界的标准，可构建出一个去芜存菁的空间【照片】。

写真：STUDIO KAZ

039

窗帘
——窗帘系统

照片提供：MANATOREDING 株式会社

Point 窗帘在室内设计中的作用日益受到重视
设法根据窗帘种类，确定其安装方式（悬挂方式）

窗帘类型

为使窗帘功能更加完善而增设的装置，被统称为窗帘系统，窗帘系统有很多种【表】。窗帘其实就是，调节来自外部的光线和视线的一块布料。安装在滑轨上、透气性较低的叫做垂幔，透气性高的称为纱帘。如将遮光性能提高后的垂幔作为遮光窗帘，有时须单独悬挂。通常，纱帘在垂幔外侧，并与垂幔组合在一起。但这也要根据窗帘的用途和主人的生活方式，因地制宜地进行处理。

决定窗帘外观效果的要素，是被称为"襞"的表面褶皱。这样的褶皱分为2倍襞、3倍襞和固定襞等类型。襞的数目越多，窗帘的装饰性越强，但所用的布料也更多【图1】。最近，为了适应简约的生活方式，开始流行一种无襞的平窗帘。

窗帘的安装

窗帘滑轨也是室内设计中的重要元素。其中，不仅有转轮移动型的铝制和不锈钢制滑轨，还有穿环的金属或木制的滑杆型，以及钢线型等；同时伴随着吊装方式的多样化【图2】。此外，转轮、挂钩和钢线的种类也在增加，并见到很多将流苏和挂钩之类的窗帘配件与设计相结合的形式。

还有一种方法，就是设置窗帘盒将滑轨遮蔽起来，突出窗帘布料的美感。如窗帘盒能用与窗框相同的材质制作，会给人以更规范的印象。同样，也可简单地将滑轨隐藏在顶棚内，这与在墙壁上安装窗帘盒有着同样的效果【图3】。

表 | 窗帘系统的分类

上下开阖功能

百叶帘
木制百叶窗
竹帘
卷帘
褶帘
罗马帘
蜂房帘

左右开阖功能

垂帘
板幕垂帘
(面板窗帘、遮阳板)
装饰帘
平窗帘
遮光帘
纱帘
隔扇

图 1 | 褶皱种类

平窗帘 (所需幅宽:相当于开口宽度)

2 倍襞
(所需幅宽:相当于开口宽度的 1.5 ~ 2 倍)

3 倍襞 (所需幅宽:相当于开口宽度的 2.5 ~ 3 倍)

图 2 | 各种悬挂方式

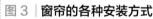

吊带式　　　　系带式　　　　镶环式　　　　吊环式

图 3 | 窗帘的各种安装方式

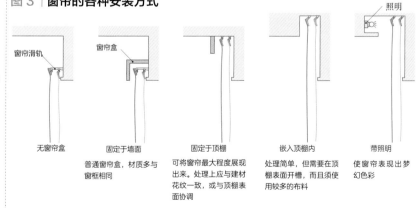

照明

窗帘滑轨

窗帘盒

无窗帘盒	固定于墙面	固定于顶棚	嵌入顶棚内	带照明
	普通窗帘盒,材质多与窗框相同	可将窗帘最大程度展现出来。处理上应与建材花纹一致,或与顶棚表面协调	处理简单,但需要在顶棚表面开槽,而且须使用较多的布料	使窗帘表现出梦幻色彩

第 3 章 室内设计使用的材料及其表面处理

89

040

百叶帘
——窗帘系统

照片提供：NANIKU JAPAN 株式会社

Point 近来，铝制百叶帘逐渐减少，木制百叶窗正引起人们的关注
窗帘系统可增添新的功能，并使其更加美观

百叶帘

百叶帘是这样一种装置：安装于窗内侧，通过翻转被称为缝翼的叶片调节日射量和挡住外面的视线。百叶帘大体上分为两种，缝翼横向排列的被称为威尼斯百叶帘【图1】，竖着排列的则被称为垂直百叶帘【图2】。

威尼斯百叶帘的缝翼主要用铝制成，各个厂家均有多种颜色的缝翼可供选择，也容易与室内设计其他部分的色彩调和。至于缝翼的宽度，如今则多采用狭条型。百叶帘尽管存在积尘和易折的缺点，但目前正不断得到改善。另外，木制百叶窗最近也重新回到人们的视野中【照片】。通过对其调节装置加以改良，已经可以灵活地升降。木制百叶窗的缝翼，宽度为 25 ~ 50mm。日本国内厂商生产的缝翼，色彩比较单调；而国外生产的缝翼，可供选择的颜色多种多样，完全能够像铝制缝翼那样与室内设计其他部分的色彩调和。除此之外，市场上还可见到一种皮革制的百叶帘。

其他类型百叶帘

百叶帘还有以下几种：利用弹簧机构卷上去的卷帘、看似垂幔并具有卷帘操控性的罗马帘【表】、用加工后带褶皱的无纺布制成的升降式褶皱幕帘、平帷窗帘像拉门一样滑动的面板式幕帘、褶皱幕帘截面结构形态似蜂巢并提高了绝热遮音性能的蜂房式幕帘等。

日本古代就有的竹帘和苇帘，再扩大至隔扇之类，可以说都属于窗帘系统。

图1 | 威尼斯百叶帘的各种开阖方式

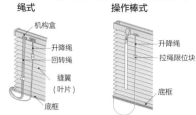

绳式
- 机构盒
- 升降绳
- 回转绳
- 缝翼（叶片）
- 底框

操作棒式
- 升降绳
- 拉绳限位块
- 底框

柱式
- 立柱

齿条式
- 操作绳

图2 | 垂直型百叶帘的结构

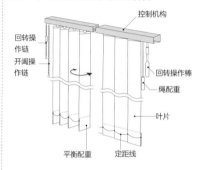

- 控制机构
- 回转操作链
- 开阖操作链
- 回转操作棒
- 绳配重
- 叶片
- 平衡配重
- 定距线

照片 | 实木百叶窗

与铝制百叶帘相比，木制百叶窗看上去更温馨，可营造出优雅怡人的空间

写真提供：
ナニックジャパン
株式会社

表 | 罗马帘种类

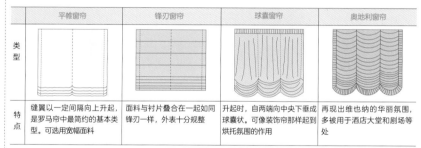

	平帷窗帘	锋刃窗帘	球囊窗帘	奥地利窗帘
类型				
特点	缝翼以一定间隔向上升起，是罗马帘中最简约的基本类型。可选用宽幅面料	面料与衬片叠合在一起如同锋刃一样，外表十分规整	升起时，自两端向中央下垂成球囊状。可像装饰帘那样起到烘托氛围的作用	再现出维也纳的华丽氛围，多被用于酒店大堂和剧场等处

Pick! UP. 现场的各种话题

百叶帘

为什么将横向百叶帘称之为威尼斯百叶窗？因为它最早出现在水城威尼斯。住在这里的人们，不仅要同时遮挡直射的阳光和运河水面的反光，而且还须遮蔽运河中来往船只的视线。因此，缝翼水平设置便成为必然的选择。

第3章 室内设计使用的材料及其表面处理

91

041

皮革

照片提供：株式会社 KASHINA · IKUSUSHI

 Point 有天然皮革与乙烯树脂皮革之分
乙烯树脂皮革品质的提高，使其应用范围不断扩大

天然皮革

　　使剥下后的动物皮变得柔软和结实的作业被称为鞣制，经过鞣制处理的皮叫做鞣制革或简称为革，可加工成各种制品。

　　室内设计则将其用在对耐磨性要求较高的地方，如沙发和椅子的包面等【照片1】。当然亦可用来铺桌面，因为它不仅耐磨，而且在与文具用品接触时会起到缓冲的作用。此外，有时也将其作为墙面装饰和家具门扇的饰面；但还是用在杂品类的小物件上更多些。几乎所有使用的皮革都是牛皮，并且通常要选成牛。不过，也有的家具要用到牛的毛皮【照片2】。按照牛的不同生长阶段，还有胎牛革、幼牛革和小牛革等。与普通牛革相比，此类牛革属于稀缺资源，因而价格也更高。因天然皮革的极端干燥是件很棘手的事，故日常保养便显得

尤为重要。保养时应使用专门的油膏和清洁器。

乙烯树脂皮革

　　天然皮革不仅价格较高，而且批量供应也很难保证品质的稳定。基于这样的考虑，近来更多地使用人造仿真皮革。尽管统称为乙烯树脂皮革，但实际上还有合成皮革和人造皮革之分。合成皮革是将合成树脂涂在布料上制成的；而人造皮革则是先让合成树脂浸入无纺布内，再在表面涂上一层合成树脂。涂布用的合成树脂，一般为氯乙烯（PVC）。最后，经过表面处理，可使其呈现出各种花纹。乙烯树脂皮革不同于天然皮革，它既不沾水又不易脏，也不必担心发霉。早期的乙烯树脂皮革透气性差，还有点发黏的感觉。可是，随着工艺技术的提高，如今乙烯树脂皮革的手感也好多了【照片3】。

照片 1 | 用天然皮革制成的座椅

LC2（由勒・柯布西耶设计）

照片 2 | 使用了毛皮的椅子

LC4 CHAISE LONGUE
（由勒・柯布西耶设计）

照片 1 · 2 提供：株式会社 KASHINA · IKUSUSHI

照片 3 | 乙烯树脂皮革应用示例

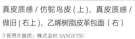

真皮质感／仿鸵鸟皮（上）、真皮质感／
做旧（右上）、乙烯树脂皮革包面（右）

3 张照片提供：株式会社 SANGETSU

042

涂料、涂装

照片提供：ORIENTARU 产业株式会社／游树工房

根据被涂物及其用途选择涂料
基底的处理关系到表面效果的好坏

涂料种类

涂装不仅可使表面美观，而且还起到保护被涂物以及附加特殊功能的作用。因此，应该根据涂装的目的（用于外部等）及其与基材的亲和性来选择涂料。随着各种各样的合成树脂被开发出来，涂料的种类也日益增多。

对于涂装来说，重要的不仅是色彩，条件中还应包括涂于何处、用途是什么、光泽怎样，以及是否受到阳光直射等等。内装墙壁，有很多都使用石膏板作为底层。石膏板与涂料的粘接性很好，适用于任何涂料。经常使用的涂料有丙烯酸树脂乳胶漆（AEP）、醋酸乙烯树脂乳胶漆（EP）和氯乙烯树脂磁漆（VE）等【表1】。

在涂装木材时，应了解是否需要露出木纹。假如须露出木纹，可使用清漆（V）、透明漆（CL）和聚氨酯透明漆（UC）之类的透明涂料，以及油墨贴面（OF）和油性着色剂等着色涂料。往往先用油墨贴面着色，再涂上一层薄薄的透明漆加以保护（OSCL）。可遮住木纹的涂料有，合成树脂调和涂料（SOP）、磁漆涂料（LE）和聚氨酯树脂磁漆涂料（UE）等。此外，还可以选择那些适合涂装金属和树脂类制品的涂料。

关键是基底处理

涂装作业最关键的是基底处理【图1】。为防止涂层剥离或涂料渗入，要对被涂物表面进行处理，使其光滑而又洁净。金属也是一样，先进行除污和除油处理，再涂上一层防锈漆，并将焊接处磨平，最后涂布表面漆。

表1 | 室内设计中使用的代表性涂料

被涂物、表面处理种类		名称	代号
墙面、顶棚面的涂装		丙烯酸树脂乳胶漆	AEP
		醋酸乙烯树脂乳胶漆	EP
		氯乙烯树脂磁漆	VE
涂装木材	露出木纹的涂装	清漆	V
		透明漆	CL
		聚氨酯透明漆	UC
		油墨贴面	OF
		油性着色剂	OS
		油性着色剂 + 透明漆	OSCL
	遮住木纹的涂装	合成树脂调和涂料	SOP
		磁漆涂料	LE
		聚氨酯树脂磁漆涂料	UE

图1 | 石膏板接合部的基底处理

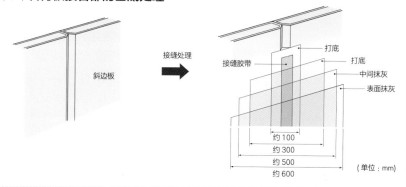

斜边板

接缝处理

接缝胶带
打底
打底
中间抹灰
表面抹灰

约 100
约 300
约 500
约 600

（单位：mm）

Pick! UP.

现场的各种话题

天然涂料

　　楼宇综合症和化学物质过敏等问题，使人们对天然涂料越发重视起来。说到天然涂料，当然少不了著名的奥斯莫、利宝斯和奥罗等德国品牌。其实，日本也很早就在使用天然涂料，如蜜蜡、桐油、紫苏油、生漆、腰果油和柿漆等。此外，还用包着稻糠的木棉打磨家具和柱子。即使在欧美国家，也是使用皂液和乳漆涂装家具，并非使用新型涂料。与普通涂料一样，选择天然涂料时也要考虑到被涂物材质、使用场所和使用目的等因素。

　　另外，天然涂料也存在一些值得注意的地方。作为一种溶剂，其中同样含有较多的化学物质，在涂料干燥过程中，这些化学物质将释放到空气中去。有时，还像食物过敏那样，涂料成分也可能引起过敏反应。因此，尽管是天然涂料，也并非是完美无缺的选择。

043

瓦工

设计·照片：STUDIO KAZ

Point 虽然硅藻土正当其道，但其他瓦工材料也引起人们的关注
表面质感使外观印象陡然发生变化

瓦工材料

自数年前开始，硅藻土就成为瓦工的常用材料。硅藻土是植物性浮游生物遗骸的化石，以其多孔质的特点而具有很好的调湿性和吸音性。几毫米厚的硅藻土抹灰层，还具有较强的绝热性能。不过，由于纯硅藻土难以凝结，因此要添加固化剂。但须注意的是，固化剂的成分也可能使硅藻土的效果难以发挥出来。而且，硅藻土还存在发霉的可能性。在这方面，涂漆因具碱性，故不易发霉。诸如土墙、砂墙和漆墙等，均是日本很早就有的瓦工处理方式。

抹上一层由大理石碎块与水泥混合成的灰浆，待凝固后磨平表面，进而再将其抛光，成为现场制作成的水磨石。这也是瓦工的一种手艺。与此相似的处理方式，还有金刚石研磨和人造水刷石等。处理后的表面效果，会因碎石和种石的种类以及着色颜料的不同而千差万别。

作为基底材料，近来几乎都采用石膏板，但从前则多用以绳线编结竹片等制成的板条基底。

瓦工使用的工具及瓦工表面处理

瓦工作业时，根据需要分别使用形状各异、大小和材质不同的抹子。因灰层有一定厚度，故表现出的质感也很丰富，表面还留有瓦工匠人灵活使用抹子压出的纹路。要注意的是，这样的纹路有可能使室内设计的整体效果产生很大变化。另外，有时还将颜料掺入瓦工材料中使其带有颜色，或者混入稻草麻刀之类。在意大利，有一种被称为"意大利灰泥"的传统技法。将消石灰中加入大理石粉末和颜料混合而成的这种灰泥抹在墙面上，待固化后磨平，使其显出光泽和花纹。还有一种与此相似、被称为"防水石灰泥"的材料，用它建造的摩洛哥漆墙，不仅表面有丰富的肌理，而且还透出美丽的光泽。因为属于水硬性材料，所以也可用来制作浴缸和洗面盆。防水石灰泥在这方面的应用，有着广阔的前景。

家具和门窗

044

起居家具

照片提供：株式会社 KASHINA · IKUSUSHI

Point 家具由样式和尺寸来决定
建议关注大型家具的搬运通道及其配置

起居家具和收纳家具

家具分为起居家具和收纳家具两大类。所谓起居家具，就是指桌椅等；收纳家具，则指用板材制成的箱柜之类。对这些家具样式的选择，取决于生活方式、室内设计的氛围、家庭成员的人数，以及预算的多少等条件。

对于起居家具中具代表性的椅子和沙发【照片】桌子来说，最应该注意的是尺寸的大小。椅子座面的高低直接影响到坐上去的心情，因此要实际坐一下试试，再确定其高度。特别是进口商品，大多椅面都较高，坐着很不舒服。至于是否需要靠垫和扶手，则可根据个人爱好决定。其实，倒是有不少的日本人习惯盘腿坐在椅子上。

桌子的大小，要根据围坐的人数和房间的宽窄来确定，设定高度时要考虑到与椅子的关系【图2】。

把握大小的感觉

关于沙发，应注意搬运通道是否顺畅。尤其是公寓，从门厅进入走廊后，往往要经过拐角，搬运十分困难。即使在房间里，沙发的体量感也大得超乎人的想象。在挑选沙发时，其宽度可容几个人坐上去这一点人们都会想到，可是，靠背的高度和座面的进深也同样不可忽略。

根据床的大小，可分为单人、半双人、双人、加大双人和特大双人等几种【图1】。床垫也分别采用弹簧、低弹性聚氨酯和充水等各种方式制成，可根据个人对柔软程度和弹性等的不同爱好进行选择。对于床的设计来说，重点均被放在床垫以外的部分。床头板、床侧板和床脚板是否需要装饰以及细部该如何处理，都要根据室内设计的整体风格来确定。

照片 | 沙发、椅子

马伦特沙发
照片提供：ARUHU REKUSU JAPAN

安东椅
照片提供：FURITSU HAN SEN
日本支社

图1 | 床的标准尺寸 （S=1：60）

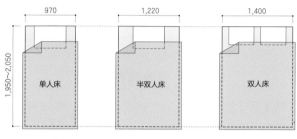

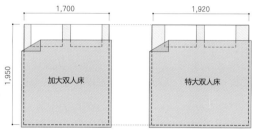

不同的床及床垫厂家，产品的尺寸规格略有差异。床的长度可能相差100mm左右。实际上，被子都要比床大些，如考虑铺床方便，不妨让床宽裕一点

图2 | 餐桌的标准尺寸 （S=1：60）

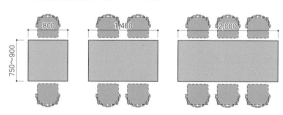

桌子的尺寸规格亦因样式、材质和桌脚位置的不同而差别甚大，但大体上可以将图中标示的尺寸作为基准，即确保每人至少有600mm的宽度。在此基础上，左右各有100mm左右的余裕。顺便提一下，咖啡馆则统一使用600mm×700mm的标准桌面

045

收纳家具

设计：STUDIO KAZ
照片：Nacása & Partners

Point 因形状和用途不同，收纳家具也多种多样
了解作为地方产业一部分的家具文化

箱柜用来装什么

箱柜即是所谓收纳家具【照片1】。从前，日本人都将衣物和用具之类放在带盖的箱笼里，诸如藤笼、行李、大箱和柜子等，而且必要时还可随身带走。到了江户时代，由于人们携带的东西更多，加上出门也越发频繁，作为解决之道，出现了装有抽屉和门、被系统化的箱柜。

这种箱柜多由木材制成，常用树种有桐、榉、水曲柳、樱、枹、杉、栗和扁柏等。因里面放的物品及其用途不同，制成的箱柜也大小不一、形状各异。例如，将楼梯下空间作收纳用的阶梯柜【照片2】、遇火灾等紧急情况避难时便于搬运的带轮橱柜、坚固程度甚至遭遇海难也不会损坏的船柜，其他还有水屋柜、茶道柜、药柜和刀柜等。

产地特色

另外，箱柜一般也带有产地特色。如外观华丽的仙台衣柜，即用刻有中国龙、唐狮子和牡丹花等图案的金属件做装饰，并在红色木底上涂以透明漆【照片3】。还有较仙台衣柜朴素的岩谷堂衣柜，则是民间工艺的代表作。此外，如所谓东北系中以棱角分明著称的松本衣柜，以及桐木衣柜中有名的春日部衣柜和加茂衣柜。这些衣柜的表面，均带有被钉子固定的金属件作为装饰；当然，也有完全不用钉子、只用榫卯组合的衣柜。早于平安时代便已存在、并在公家文化中孕育成熟的京都木匠，一向以优雅精致的细工闻名于世。与此不同的是，在江户武家和町人文化中发展起来的江户木匠，彰显出不做过多修饰、以实用为主的特点。近些年来，不再只用木材，已开始单独或混合使用金属、树脂和玻璃等材料制作箱柜。

照片 1 | 江户矮衣橱

深川橱柜店

照片提供：NISHIZAKI 工艺株式会社

照片 2 | 阶梯柜

照片 3 | 仙台衣橱

参考江户时代末期流行样式制作

照片 2-3 提供：仙台箪笥工艺家具榉

046

装饰家具

设计·照片：STUDIO KAZ

Point 制作的装饰家具与空间整体风格协调
了解家具制作与木工作业在精度上的差别

是家具制作还是木工作业

前面讲到的"起居家具"和"收纳家具"均系制成品，只是摆放在空间内，可方便移动，故而统称为摆放家具。与此相对，固定在墙壁和地面上或者被建筑化已不可移动的家具，则被称为固定式家具（装饰家具）。制作这样的家具，其大小尺寸和造型样式要根据所处空间位置条件来决定【图1】。阪神大地震之后，很多人开始选择落地式家具。不仅将原有的摆放式家具与墙壁和顶棚固定在一起，并且对装饰家具也给予了更多的关注。

装饰家具可分为家具制作和木工作业两部分【图2】。如果类似下面的情况：对尺寸和角度的精度要求较高、采用特殊材料或者需要做表面处理等，即属于家具制作范畴。其他部分均归木工作业。譬如，选用抽屉滑轨以及安装机械和卫生设备等都属于前者。一般说来，木工作业的成本是可控的。

表面处理与预算之间的平衡

顾名思义，家具制作系指在家具工厂里使用专门机械进行加工。因此，可自由选择面材与板材的结合方式，表面处理的精度也很高。为使家具与地面、墙壁和顶棚连接后不露缝隙，可使用挡板、幕板和填料等进行调整。如系木工作业，则在现场边测尺寸边下料，并同时开始制作，因而无须再做调整。不过，遇到门窗之类可动部分，决定尺寸时应考虑其活动轨迹。

关于涂装处理，家具制作一般在工厂内进行喷涂作业，故而表面大都平整光洁。但木工作业的涂装是由漆匠在现场完成，要使处理效果达到理想的程度并不容易。在安装上也是一样，相对于木工作业从制作到安装均属于装修施工的一部分，家具制作则要由专门人员安装，这不仅提高了成本，也突出了工程监理的重要性。

图1 | 箱柜的基本概念

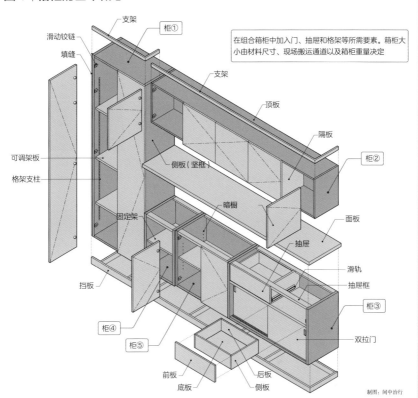

支架
滑动铰链
填缝
柜①
支架
顶板
隔板
柜②
可调架板
格架支柱
侧板（竖框）
固定架
暗橱
面板
抽屉
滑轨
抽屉框
柜③
挡板
柜④
柜⑤
双拉门
前板
底板
后板
侧板

在组合箱柜中加入门、抽屉和格架等所需要素。箱柜大小由材料尺寸、现场搬运通道以及箱柜重量决定

制图：间中治行

图2 | 家具制作和木工作业的流程

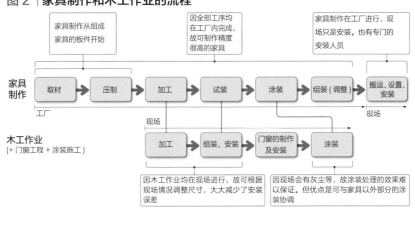

家具制作从组成家具的板件开始

因全部工序均在工厂内完成，故可制作精度很高的家具

家具制作在工厂进行，现场只是安装。也有专门的安装人员

家具制作

取材 → 压制 → 加工 → 试装 → 涂装 → 组装（调整）→ 搬运、设置、安装

工厂 现场

现场

木工作业
(+ 门窗工程 + 涂装施工)

加工 → 组装、安装 → 门窗的制作及安装 → 涂装

因木工作业均在现场进行，故可根据现场情况调整尺寸，大大减少了安装误差

因现场会有灰尘等，故涂装处理的效果难以保证。但优点是可与家具以外部分的涂装协调

103

047

平开门家具金属配件

设计：今永环境计划 + STUDIO KAZ　照片：Nac â sa & Partners

Point 了解铰链的种类和特点
用好滑动铰链

铰链的种类

所谓家具金属配件，有的用于支持家具门和抽屉的活动，有的则用于固定搁板，也有的是作为拉手和旋钮（一部分使用树脂制成）等统称为"家具金属件"。

在收纳家具的平开门上，要用到铰链。铰链分为平铰链、长铰链（钢琴铰链）、P 型铰链、暗铰链、下拉铰链（缝纫机台板铰链）、滑动铰链和挂轴铰链等，可根据其不同的外观、用法以及门的大小及开合方式加以选择【照片】。

平开门要经常开合，久用偏移的可能性会更大些。因此，必须对平开门出现的倾斜进行调整。很多铰链的金属件本身便具有调整功能。

滑动铰链

如今，家具使用最多的是滑动铰链。

与回转轴固定的平铰链不同，滑动铰链的回转轴可边滑动边开合。因此，组装后的柜橱似乎完全被柜门遮住，成为一种造型简练的家具。但也存在缺点：因回转轴可移动，故其强度要比平铰链差得多。较大的柜门固然可以使用更多的铰链，不过也有一定限度。建议将600mm 作为铰链间隔的指标。根据滑动铰链与柜橱之间的关系，还可分成柜外门（全覆盖）、柜外门（半覆盖）和柜内门等【图】。

也有专用于玻璃门的滑动铰链。通常是在玻璃上钻孔用以固定铰链，但最近又出现一种通过粘接方式固定于玻璃背面的滑动铰链，成为洗漱间等处的橱柜为少占空间而采用的镜门上不可或缺的配件。不过，如果是较大的玻璃门，则须使用挂轴铰链。另外，当采用柜内门方式时，橱柜框的端面也将成为值得重视的设计要素。

照片 | 具代表性的平开门家具金属配件

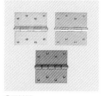
①平铰链

②长铰链

③P型铰链

④暗铰链

⑤下拉铰链

⑥滑动铰链

⑦挂轴铰链

照片提供：① ATOMURIBINTEKU、
②～④ SUGATSUNE工业、⑤ HETEIBI、
⑥ SUGATSVNE工业、⑦ KUROBA金属

图 | 家具平开门的安装

柜外门（全覆盖）

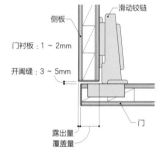

滑动铰链

侧板

门衬板：1～2mm

开阖缝：3～5mm

露出量
覆盖量

门

柜外门（半覆盖）

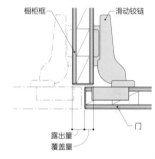

橱柜框

滑动铰链

露出量
覆盖量

门

柜内门

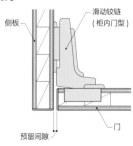

侧板

滑动铰链
（柜内门型）

预留间隙

门

采用柜内门还是采用柜外门（全覆盖、半覆盖），主要由设计决定

048

推拉门家具金属配件

设计·照片：STUDIO KAZ

Point 有上面悬挂和下面承载两种类型
平滑移动对于折叠门最为关键

推拉门

平开门的开合轨迹上如有异物，门扇则无法开合。这种场合，应选择推拉门。此外，在需要大开口的场合，也多选择推拉门。就像屏风和纸隔扇一样，推拉门也采用门扇上下在槽内滑动的传统方式。但最近，为使滑动更加灵活，以及出于设计上的考虑，采用金属配件的也逐渐多了起来。

推拉门金属配件，分为下面承载型和上面悬挂型。下面承载型的门扇底端嵌埋着带胶轮的金属件，可沿着作为轨道、设在柜橱上的 V 形或其他形状的沟槽内滑动。在门扇顶端，设有防止振动的装置。上面悬挂型，是利用镶嵌在上轨道中的滑轮承受门扇的荷载，因此门扇的下面不必再设轨道，整体组装更为简单。至于防振装置，多半都设在碰头部分。作为选择金属配件的标准，必须考虑其耐荷载的能力。换言之，在确定门扇的重量（大小和结构）时，应该考虑到金属配件是否具有相应的承载能力。推拉门基本都采用柜内门方式，但最近也出现了可用在柜外门上的金属配件，进一步拓展了设计的自由度。

推拉门家具的最大缺陷是门扇不在一个平面上，要将一个平面上的平开门与推拉门组合在一起十分困难。并且，收纳空间的进深还会因此减少 2、3 个门扇的厚度。针对这种情况，各家厂商正在开发可消除推拉门类似缺点的金属配件。可是，由于各种金属配件的灵活程度和耐荷载能力存在一定差异，选购之前最好在厂家的陈列室里验证一下【图】。

折叠门

从基本考量和处理方法上看，折叠门与推拉门相比，没有什么不同。但除了上面悬挂、下面承载、柜内门和柜外门等几种类型，另外又分为设旋轴门梃的固定型和灵活滑动的自由型。

图 | 推拉门和折叠门的种类 (S = 1 : 30)

平面图

① ②

③ ④

⑤ ⑥ ⑦ ⑧

⑨ ⑩ ⑪ ⑫

侧面图

① ②　　　　③ ④　　　　⑨ ⑩ ⑪ ⑫

推拉门和折叠门

推拉门	柜内门	上面悬挂式		①
		下面承载式		②
	柜外门	上面悬挂式		③
		下面承载式		④
折叠门	柜内门	上面悬挂式	固定式	⑤
			自由式	⑥
		下面承载式	固定式	⑦
			自由式	⑧
	柜外门	上面悬挂式	固定式	⑨
			自由式	⑩
		下面承载式	固定式	⑪
			自由式	⑫

如系推拉式柜外门，金属配件在箱柜上下滑动，在安装时须全面照顾到

处理成一个平面的推拉门①

最近一些厂家推出的"同一平面推拉门系统"可供参考。但因上下金属配件占用空间较大，也存在收纳量与处理手段难以两全的问题

处理成一个平面的推拉门②

这是最近在产品样本中常见的悬臂式同一平面推拉门。看似方便，但箱柜内须装很大的金属件，而且尺寸变动的余地也很小

第4章

家具和门窗

107

049

抽屉金属配件

设计·照片：STUDIO KAZ

Point 如今，用抽屉收纳已成为一种趋势
了解各种抽屉滑轨的区别

采用不同的抽屉滑轨

最近，收纳家具的设计多采用抽屉的形式【图】。特别是厨房，几乎都将物品放在台面下的抽屉里。传统家具和低成本家具，过去往往采用装滑条的方法；如今，一般都改成设抽屉导轨。抽屉导轨有多种，如侧装滚轮型、滑道型和底装滚轮型等【照片】。

虽然滑条能够最大限度地保持箱柜内部空间，但是推拉不太灵活，并且也不能将抽屉全部拉出。侧装滚轮型导轨，则可使抽屉拉出3/4、甚至全部。从结构上看，一旦发生地震，抽屉便有可能自己滑出。因此，最近又给导轨加装了功能部件，使其抗震性增强，并且关闭抽屉也更加平稳。滑道型导轨的推拉非常灵活，但需注意滚轮是否会发出声响。

最里面的一段导轨要稍向下倾斜，以确保抽屉能够关严。

如今的厨房和成套家具，底装滚轮型导轨已成为主流。它不仅滑动灵活，而且滑动时没有声音。其中，有慢关型、压开型等多种形式。在打开抽屉时，看不见导轨本体，外表简洁，又不落俗套。厨房等处的抽屉导轨，多采用在侧面安装金属系统的方式。

用拉手还是用把手

从使用方便着想，最好还是在抽屉上安装把手。尤其采用底装滚轮型导轨的抽屉，乍一拉会觉得很沉，装上把手就轻松多了。不过，也有一种简约的设计，就是将抽屉面板上下的背侧倒角，留出可容手指伸入的缝隙，形成一个扣手。

图 | 抽屉各部分名称　(S＝1：10)

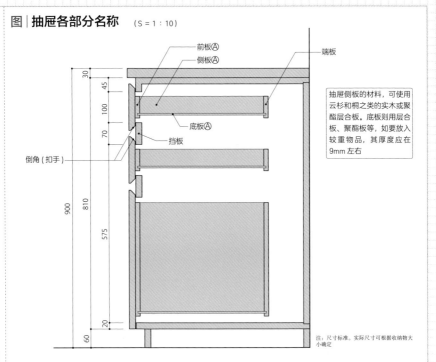

前板Ⓐ
侧板Ⓐ
端板
底板Ⓐ
挡板
倒角（扣手）

30
45
100
70
900
810
575
20
60

抽屉侧板的材料，可使用云杉和桐之类的实木或聚酯层合板。底板则用层合板、聚酯板等，如要放入较重物品，其厚度应在9mm左右

注：尺寸标准。实际尺寸可根据收纳物大小确定

照片 | 抽屉的滑轨

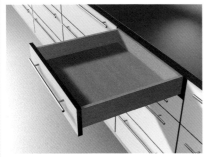

底装滚轮型导轨。打开抽屉时，看不见导轨本体，外观简洁。滑动灵活，但乍一拉感到有点沉。如设慢关装置会更沉。主要用于厨房

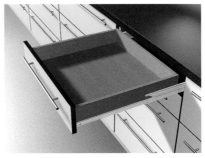

滚轮式滑动导轨。抽屉打开时，导轨本体露出，或许因为推拉抽屉会发出声响的缘故，给人以廉价品的印象，目前用的越来越少。优点是比较便宜，并且开关轻松

写真提供：BURUMU／DENIKA

第4章
家具和门窗

050 家具涂装 1

Point 知道家具为何涂装 记住光泽的标识方法

家具涂装如同人的化妆

家具涂装的目的在于保护基底，以及使家具的表面更加美观。因此说，家具的涂装就相当于女性的化妆。

木制家具的涂装【照片】，分为满披处理和着色透明处理两种【图】。满披处理，亦称磁漆涂装，是一种不露出木纹的涂装方式，此外，亦可采用金属喷涂和珍珠喷涂等特殊的涂装方法。类似此种涂装的基底木材，应该选用像层合板那样导管凹凸较少的树种。不过，最近也有很多使用 MDF 作基底材料的。只需对基底做简单调整，便可使其边缘的 R 放大些，从而减少了涂层的剥离现象。至于着色透明涂装处理，则是一种可充分展现木纹美感的涂装。因此，木纹的好坏一览无余。有鉴于此，在基底处理和着色工序上，应对有缺陷的地方进行修补，以提高涂装处理的最终效果。

采用不同的光泽

无论满披处理、还是着色透明处理，最近都以使用二液性聚氨酯树脂涂料为主。不过，如系实木家具、并要突出其木底特点时，有时也仅仅做油浸处理。

关于家具表面的光泽，最好做出明确的指定。建筑物的涂装可用增光度表示，而家具的涂装一般被表示为消光度。所谓三分光泽的建筑物，系指其增光30%。但若是家具，却说的是消光30%。正是因为存在这样的区别，所以在标示时决不可省略"增"字或"消"字。

光泽的指定，按照由低到高的顺序，分别称为无光泽、彻底消光、全消光、七分消光、半消光、三分消光、有光泽、全增光 / 抛光处理。光泽也是设计要素的一部分。因此，应该认识到，只要按照指定的方法进行处理，就能展现出各种完全不同的表面效果。

照片 | 家具的涂装

工厂里进行家具涂装的情形。为了不落灰尘杂物，能将基底处理平整，必须对室内环境经常清扫，并做好机械设备的日常维护

协助：NISHIZAKI 工芸
照片：STUDIO KAZ

图 | 涂装工序

①着色透明涂装的工序

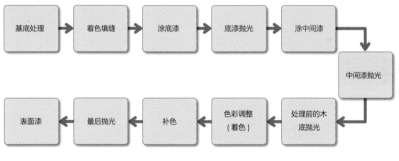

基底处理 → 着色填缝 → 涂底漆 → 底漆抛光 → 涂中间漆 → 中间漆抛光 → 处理前的木底抛光 → 色彩调整（着色）→ 补色 → 最后抛光 → 表面漆

②满披涂装的工序

木底涂底漆 → 刮腻子 → 打磨腻子 → 涂面漆 → 面漆抛光 → 着色涂磁漆 → 磁漆抛光 → 涂透明漆

a 图中，是表示工厂涂装工序（与 UV 涂装工序不同）。金属喷涂和珍珠喷涂等特殊涂装处理须另加工序

协助：NISHIZAKI 工芸

111

051

家具涂装 2

照片：STUDIO KAZ

Point 准确了解涂装的种类
只有经常维护才能延长家具的使用寿命

容易搞混的涂装

耳熟能详的"钢琴涂装"，严格说其表面涂的并不是聚氨酯树脂，而是厚厚的一层聚酯树脂膜，在经过抛光处理后，就像镜面一样光亮。要注意的是，它与最近出现的所谓镜面处理有所区别。尽管那种处理方式也将被处理物表面打磨得很平滑，并且带有光泽。还有"UV涂装"，也是一种易搞混的涂装方式。人们常常认为，这种涂装可隔离紫外线、防止家具因日晒而褪色。其实不然，之所以采用这种涂装，是因其适合批量生产。由于喷涂使用专门设备进行，并且选用可在短时间内干燥固化的涂料，因此大大提高了作业效率。

此外，还有很早便使用的油浸、皂液浸、生漆涂装，以及古典风格的传统涂装（老式涂装）等手法。要准确掌握这些涂装知识，并根据家具的不同种类和用途，分别选用之。

家具的维护

要延长家具的使用寿命，平日的维护很重要。一般说来，家具应注意以下几点：防止直射阳光和制冷供暖排风的冲击，避免受到水分和潮气的影响，经常除去表面灰尘等。被涂装的木质部分，应使用软布擦拭。如有明显的污渍，可用布先沾上被稀释的中性洗涤剂将其擦净，然后再用水清洗，最后擦干。但要注意的是，如系消光涂装，过分用力擦拭可能会使其现出光泽。假如涂膜表面有划痕，并且深抵木质部分，则须采用再涂装的方法【照片】。涂层一旦剥离，在破损处被修补之后，所做的再涂装要与原来色彩一致。密胺饰面板及聚酯层合板表面的污渍，可先用布蘸中性洗涤剂擦净，再蘸水揩拭，最后擦干。混入了研磨粉的洗涤剂会擦伤家具表面，并在擦痕处现出黑斑。因此，这样的洗涤剂不能再使用。

照片 | 维修家具的情形

给家具再涂装的情形。要小心翼翼地去掉旧的漆膜，切不可伤及木质基底部分

协助：NISHI ZAKI 工艺　照片：STUDIO KAZ

113

052

家具的安装

设计·照片：STUDIO KAZ

Point 与其一定要留出余量，莫不如在设计上尽可能做到精确
设置挡板不仅为了美观，也考虑到使用上的方便

调整精度差

相对于以工厂精度制成的家具，现场制成的家具精度就没有那么高。为了消除这种精度差，在墙面与家具之间要塞入垫片之类的调整件【图】。而在家具与顶棚和地面之间，则分别使用上折曲木和幕板以及挡板和踢脚板进行调整。

除了精度差之外，还有需要注意的地方。譬如，在上折曲木过小的情况下，打开门扇时就会碰到顶棚上的照明灯具和火警感应器等装置。而且，墙壁一侧的门框和开关也可能鼓出来。尤其要注意靠墙的抽屉，虽然插座的体积并不大，但做设计时也要注意，不要将其安装在可能被打开的门扇和抽屉碰到的位置。

通常，家具最好留出20mm左右的余量尺寸。即使这样，如果是简约的设计，也应尽量缩小余量。假如要突出厚重感和装饰性，可以选择更宽的垫片。通常，垫片都位于箱柜与墙面之间，如适当增加垫片宽度，便可使箱柜门与箱柜侧面对齐。这时，垫片的侧面也要进行处理。余量一词原本具有负面意义，但只要在设计上尽可能做到精确，安装后仍会让人感到很协调。

设置漂亮的挡板

挡板的大小也是影响设计效果的重要因素之一。如能与墙壁的踢脚板对齐，看上去会很漂亮。可是，最近的简式住宅却出现将踢脚板降低的倾向。假如将踢脚板的高度设为20mm左右，在厨房和洗漱间这样狭窄的空间里，经常开阖的门和频繁出入的人的脚，都很可能碰到它。从厨房和洗漱间使用方便考虑，应确保踢脚板的高度在80mm以上，考虑到贴近站立时可容脚尖伸入，踢脚板要自柜门正面至少缩进50mm设置。

图 | 家具与建筑物的连接

墙壁与家具①

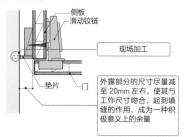

侧板
滑动铰链

现场加工

垫片　门

外露部分的尺寸尽量减至20mm左右，使其与工作尺寸吻合，起到填缝的作用，成为一种积极意义上的余量

墙壁与家具②

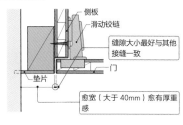

侧板
滑动铰链

缝隙大小最好与其他接缝一致

垫片　门

愈宽（大于40mm）愈有厚重感

墙壁与家具③

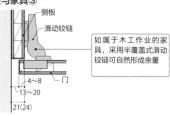

侧板
滑动铰链

如属于木工作业的家具，采用半覆盖式滑动铰链可自然形成余量

4～8
13～20
21(24)

门

踢脚板与家具

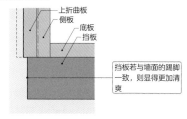

上折曲板
侧板
底板
挡板

挡板若与墙面的踢脚一致，则显得更加清爽

顶棚与家具①

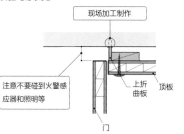

现场加工制作

上折曲板　顶板

门

注意不要碰到火警感应器和照明等

顶棚与家具②

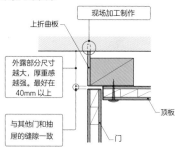

现场加工制作

上折曲板

外露部分尺寸越大，厚重感越强。最好在40mm以上

顶板

门

与其他门和抽屉的缝隙一致

地面与家具

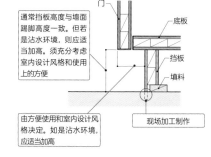

门

底板

挡板

填料

通常挡板高度与墙面踢脚高度一致。但若是沾水环境，则应适当加高。须充分考虑室内设计风格和使用上的方便

由方便使用和室内设计风格决定。如是沾水环境，应适当加高

现场加工制作

053

按照材质对门窗分类

设计：STUDIO KAZ 照片：山本 MARIKO

Point 室内以木质门为主
了解不同结构在设计上的可能性

门的总体协调

门的设计，特别是室内门的设计，应该使其具有统一感。然而，这与厕所、洗漱间、私人房间、起居室等所要求的大小和功能不一样。诸如，门的高度被统一设定为2100mm，让框架外观保持一致，选择芯板门等等，即门的设计应该具有总体协调意识【图】。

按材质分类

室内门窗使用最多的材料是木材。木门可分为板式门、芯板门和全玻门等，其中以板式门最为常见。板式门，是一种在边框芯材两面贴上饰面板制成的轻量化的门。其特点是，外观的装饰风格可以自由选择。市场上出售的板式门，其饰面材多采用由氯乙烯和烯烃制成的贴膜。为了增加强度，也有在芯材之间放入纸质或铝制的蜂窝状夹层。芯板门

采用这样的结构：四周被边框环绕（有时加设中档），在边框内侧镶嵌木质芯板、玻璃（或聚碳酸酯）、格栅等。通过采用不同的外框尺寸及样式、芯板形状和玻璃种类等，最后可收到多种多样的设计效果。譬如，越是粗壮的外框，从装饰性角度看，所营造的氛围也越发庄重；而截面单薄的外框，则用于简约的设计。室内门，也常采用玻璃门扇，尤其是店铺，使用的频度更高。最近，在普通住宅中采用玻璃门的也不少见。玻璃门分为无框玻璃门和有框玻璃门两种：前者采用10～12mm厚的钢化玻璃，四周不加边框；后者采用4～6mm厚的普通玻璃，并被铝或不锈钢制的边框环绕着【照片】。从安全方面考虑，无论有框还是无框的玻璃门，最好都在玻璃表面贴膜，以防玻璃一旦破碎飞溅，造成伤害。

图│门窗材料

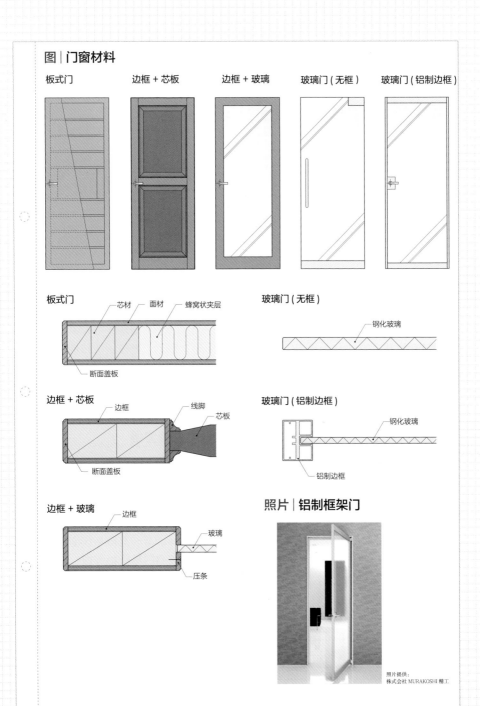

| 板式门 | 边框 + 芯板 | 边框 + 玻璃 | 玻璃门（无框） | 玻璃门（铝制边框） |

板式门

芯材　面材　蜂窝状夹层

断面盖板

玻璃门（无框）

钢化玻璃

边框 + 芯板

边框　线脚　芯板

断面盖板

玻璃门（铝制边框）

钢化玻璃

铝制边框

边框 + 玻璃

边框　玻璃

压条

照片│铝制框架门

照片提供：
株式会社 MURAKOSHI 精工.

第4章

家具和门窗

117

054

按照开合方式对门窗分类

设计：STUDIO KAZ
照片：垂见孔士

Point 记住各种开合方式及其特点。在决定采用某种开合方式之前，首先要考虑到建筑物条件、动线走向和人的行为

4 种开合方式

门窗的开合方式分为平开、推拉、双侧折叠和单侧折叠等，可根据使用上的便利和室内设计的风格进行选择【图】。

平开式系以铰链为轴，门扇回转开合。平开门又分为1个扇的单扇门、两个同样大小的扇构成的双扇门（对开）和大小不同两个扇的子母门等。双开门和子母门，并非两个扇都经常开合，而是用平插销将其中一扇（子母门则为子扇）固定。设计时必须考虑门扇开合的轨迹，并且还要注意开合的方向。

推拉式的门扇因沿着滑轨水平移动，故在开合空间上很少遇到问题。推拉式门窗又被分成1扇滑动的单扇推拉、两扇沿外侧滑动的单轨双扇推拉、两扇错开滑动的双轨双扇推拉，以及滑入墙内的箱式推拉等。轨道的固定，分为上面悬挂和下面承重两种方式。最近采用较多的是上面悬挂方式，这是因为下面没有轨道、更便于清扫的缘故。从对开合不构成妨碍的角度看，推拉门是唯一的选择。因此，它往往被用作分割大房间的隔断。

折叠门是否方便

折叠门多用于壁橱等。其特点是，因两扇比平开门更窄的门折叠开合，故不会成为空间的障碍，还可获得更大的开口尺寸。折叠门也可分为铰链侧固定型、自由开合型、上面悬挂型和下面承重型等。折叠门尽管很方便，但因门扇较窄，故须在设计上多下功夫。

单侧折叠门是一种介于平开门和折叠门之间的形式，两个扇的宽窄比例为1：2，宽扇在被打开的同时，会逐渐向内切入。由于开合时所占空间很小，不妨碍通行，因此非常适合用于厕所等处。

图│开合方式示意图

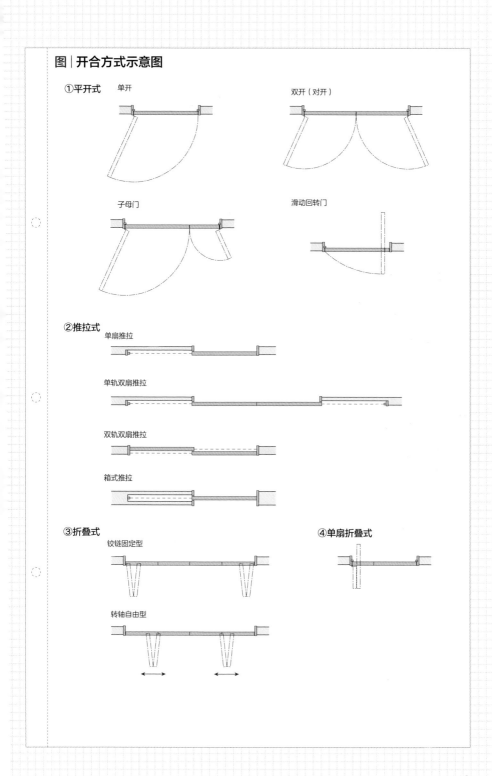

①平开式　单开　　　　　　　　　　双开（对开）

子母门　　　　　　　　　　滑动回转门

②推拉式
　　　单扇推拉
　　　单轨双扇推拉
　　　双轨双扇推拉
　　　箱式推拉

③折叠式　　　　　　　　　　④单扇折叠式
　　　铰链固定型
　　　转轴自由型

055

日式门窗

照片：STUDIO KAZ

Point 了解日本传统门窗的样式
用新的格子设计突出个性

隔扇和拉门

日式门窗的历史也很悠久。其中，目前仍在经常使用的有隔扇、拉门和镶板门等。

隔扇是由单面糊和纸的细格框架构成【图3】。因具有采光的功能，从很早开始，日语就将其称为"明障子"。日本人很喜欢那种透过和纸的柔和光线，而且随着和纸的普及，隔扇也被家家户户所采用。至于制作格子的材料，普通空间多用杉木；而在一些规格较高的场所，则会选择扁柏。最近，也开始使用更便宜的北美雪松和云杉等进口木材。隔扇给人怎样的印象，其决定性因素是棂条的组合形态。除以传统方式组合棂条外，采用设计手法构成的图案也十分有趣。而且，既有全部糊纸的，也有下装裙板的，因形态和功能的不同要求而演化出多种类型。格子的组合没有固定的模式，某种新的组合将使个性色彩更加突出【图1】。

拉门被用于日式房间的间壁和壁橱等处【图2】。制成的拉门，需要在细细的棂条两面糊上好几层和纸。用在拉门上的糊纸，可根据需要选择不同的种类，利用其花色和图案增添一些装饰性元素。亦因运用方法的不同，或可营造出更大的空间。此外，通过对边框做适当处理，也演变出几种不同的传统类型。

镶板门

出于轻量化的考虑，镶板门的边框材都很细，在边框内侧设多条横档以起到加强作用。镶板门可分为棂条门、格子门、闸板门、裙板玻璃门、竹帘门等多种。其中的棂条门【图4】和格子门也设横挡，并依其格子的组合方式被分成各种类型。而且也像隔扇那样，可以通过格子组合方式的变化，制成富有个性色彩的新式镶板门。

图1│按格子组合形态划分的主要隔扇类型

大格隔扇
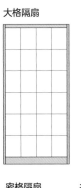

横条隔扇
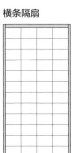

竖条隔扇
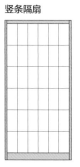

密横条隔扇
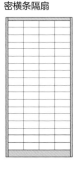

密竖条隔扇

密格隔扇

井字格隔扇
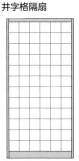

成组疏置隔扇
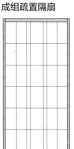

变格隔扇

变格隔扇
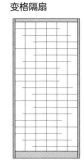

图2│拉门结构

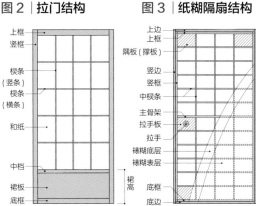

上框
竖框
棂条（竖条）
棂条（横条）
和纸
中档
裙板
底框

图3│纸糊隔扇结构

上边
上框
隅板（撑板）
竖边
竖框
中棂条
主骨架
拉手板
拉手
裱糊底层
裱糊表层
底框
底边
裙高

图4│棂条门结构

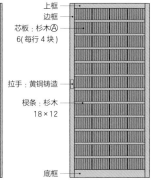

上框
边框
芯板：杉木Ⓐ 6（每行4块）
拉手：黄铜铸造
棂条：杉木 18×12
底框

056

平开门金属配件

设计：STUDIO KAZ　照片：山本 MARIKO

Point 无论铰链有多少种类和形状，都要从其中找到最适合的那一件
根据用途和安装条件选择金属配件

铰链的种类

对于平开门来说，最重要的金属配件就是铰链，铰链也称合页，被用作开合的回转轴。铰链有多种，如平铰链、枢轴铰链、内嵌铰链、齿轮铰链等。其中，以平铰链和枢轴铰链使用较多。

平铰链上下各安装1件，但如门扇较高，中间还要再加上1件。由于门扇本身存在产生翘曲的可能性，多装一件铰链，也会防止这种现象的发生。内嵌铰链基本只安装在门扇上下位置，但亦可考虑采用那种中间加悬挂配件的铰链。内嵌铰链在闭合状态下完全看不见，安装后外观显得干净利落。齿轮铰链用齿状铝型材制成，转动十分灵活。因荷载被加在门扇的整个高度上，故更耐扭曲及反翘。可承受大荷载的特点，使其成为宽幅门扇的首选。不过，因其开合轨迹特殊，设计时对门扇与洞口外框的配合部分要仔细斟酌。

帮助开合的金属配件

开门时手接触的部分，安装着扳动手柄、门把手、推拉手柄、拇指闩锁手柄等，如果需要，还可另外加锁。锁则分为单栓锁、弹簧锁、对字锁、指旋锁等，可根据不同场所选择。最近，安全防范方面出现的问题，也使得锁的种类多了起来。不仅圆筒销子锁的种类在增加，而且还出现了电子锁和卡片钥匙等。作为控制门开合大小的金属配件，有开门限位杆、闭门器、平插销（明插销）、门碰头等。此外，例如门镜、门链、门环、自动闭锁装置等具有各种功能的金属配件，以及圆钉和铰链罩之类种种装饰性金属件，在室内设计中均可选用【图】。

图 | 平开门示意图

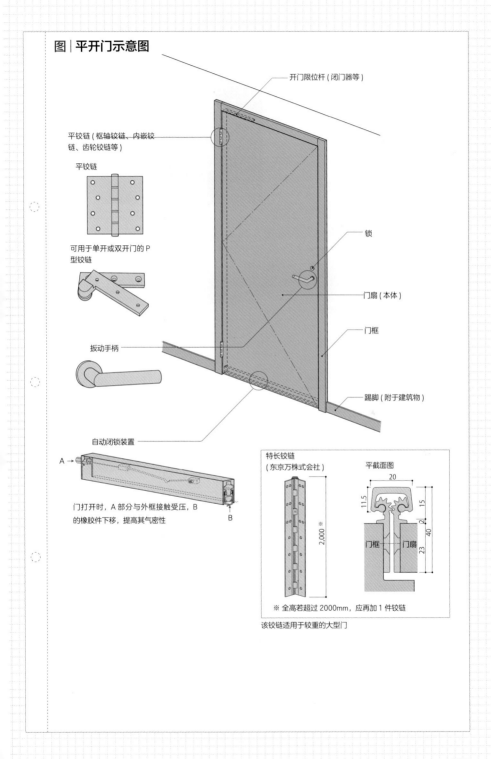

开门限位杆 (闭门器等)

平铰链 (枢轴铰链、内嵌铰链、齿轮铰链等)

平铰链

可用于单开或双开门的 P 型铰链

扳动手柄

自动闭锁装置

锁

门扇 (本体)

门框

踢脚 (附于建筑物)

A →

门打开时，A 部分与外框接触受压，B 的橡胶件下移，提高其气密性

B

特长铰链
(东京万株式会社)

2,000 ※

平截面图

20

11.5

15

2

40

23

门框   门扇

※ 全高若超过 2000mm，应再加 1 件铰链

该铰链适用于较重的大型门

057

推拉门金属配件

设计：STUDIO KAZ 照片：山本 MARIKO

Point 首先要决定，是用上面悬挂方式还是用下面承载方式
无论折叠门还是推拉门，均应根据其荷载选择金属配件

上面悬挂式或下面承载式

推拉门原本不用金属配件，仅以顶框和门槛作为轨道供门扇来回滑动。只是为适应各种不同的安装形式，以及让滑动更加灵活，后来使用金属配件的才多了起来。

首先要注意，不要在轨道的选择上出错。究竟要用哪种轨道，应将门扇的荷载和大小、柜内门还是柜外门、间壁用还是收纳用、上面悬挂式还是下面承载式等各种因素综合起来，经过研判后才能做出决定。下面承载式推拉门由滑轮、V形轨道和稳定件构成【图1】。

滑轮其实就是嵌装在门扇底部的轮子，用以支承整个门扇的荷载。V形轨道分为地面固定型和地面嵌埋型两种，门扇的滑轮可沿轨道的V形沟槽移动。上面悬挂式推拉门、则基本由上轨道、吊轮（滑轮）和下导轨构成【图2】，并

将具有门挡、制动、缓闭等多种功能的组合零件嵌埋在轨道内。由于其不必设下轨道，而且调整门扇更加方便，因此近来采用上面悬挂式推拉门的也越来越多。其他金属配件，还有拉手和滑轮吊钩。推拉门上的锁与平开门不同，多使用一种被称为"镰勾锁"的专用锁。另外，推拉门要比平开门的缝隙大，气密性也很难保证。为此，往往要在闭合处贴聚酯密封条。

折叠门金属配件

折叠门基本上也是由上轨道、吊轮（滑轮）、中间折叠铰链和下导轨构成【图3】。下导轨多采用底面装设轨道的形式。假如去掉底面的轨道，装旋轴的门梃则成为固定形式。折叠门中间的折叠部分很容易夹手，因此应尽量选择那种可防止此类事故发生的安全铰链。

图1 | 下面承载式推拉门示意图

导向块

导向块 (N)

门扇端面状态

上下调节量
±3mm

左右调节量
±1.5mm

图2 | 上面悬挂式推拉门示意图

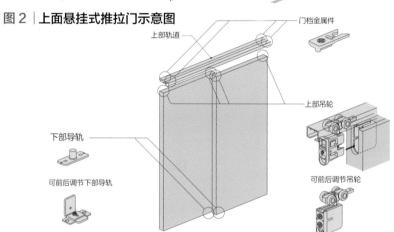

门档金属件

上部轨道

上部吊轮

下部导轨

可前后调节下部导轨

可前后调节吊轮

图3 | 折叠门示意图

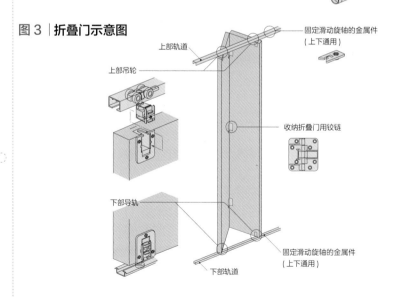

固定滑动旋轴的金属件
（上下通用）

上部轨道

上部吊轮

收纳折叠门用铰链

下部导轨

固定滑动旋轴的金属件
（上下通用）

下部轨道

058

门窗的固定

设计：STUDIO KAZ
照片：垂见孔士

Point 决定门窗的固定方法和开合方式时，须考虑到空间的整体形象
门窗外框的形状和大小是影响室内设计效果的重要因素

相关的设计

门窗大体上由门窗扇、外框和金属配件构成。为使其细部与建筑部分能够很好地组合在一起，在设计上应依据相互的关联性确定金属配件的固定方式。作为基本的方法，都是按照制造商提供的"标准固定方式图"进行设计，但不可能总是与现场一致，必须随时随地进行调整【图1】。外框的形状，对设计效果的影响很大。常见的做法，是将其外观尺寸设定为25mm。因铰链和闭门器固定尺寸的不同，有的外框尺寸可能大于25mm。突出表现厚重感的室内设计，则可以将门框外观尺寸放得大些。在门框与墙壁装饰面之间，大多隔开10mm左右，再用许多凸脚线遮盖起来。只要采用将凸脚线经过处理的端部楔入外框的方法，便能够使二者简单地结合，固定也很可靠。

还有一种外框不设脚线的方法。让外框与墙壁正确地保持在同一平面上，用油灰填缝后，再统一做表面处理。不过，须注意接缝部分是否会产生裂纹。

精心设计碰头部分

安装在外框上的门碰头，其宽度多为15mm左右。若想使形状简单，门扇的正反面，以及门框外观尺寸就不可能一成不变，无法做到所有的门都通用。因此，必须在门框的设计上多下工夫【图2】。在门扇不是很高的情况下，可能会露出装设开门限位杆的凹槽。有鉴于此，可将上部门碰头的尺寸放大。为提高气密性和隔音性能，可安装密封条。

最近，也会见到这样的门：下面不设底框，门扇直接与地面铺装相接。如此一来，门扇下部的气密性和隔音性便成了问题，而解决这一问题的最佳手段就是采用自动密封方式。在门扇下部嵌埋活动式密封条，当关门时一碰到顶框的按钮，密封条便会向下膨出【图3】。如系推拉门，其门扇厚度略小于框上的沟槽宽度，门扇就像被套在沟槽里一样，将外框与门扇之间的缝隙遮掩起来【图4】。

图1│平开门（标准固定形式）(S=1：1/3)

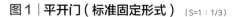
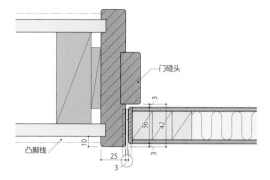

门碰头

凸脚线

图2│平开门（精心设计的外框使固定变得简单）(S=1：1/3)

凸脚线

图3│平开门（自动密封型的固定）(S=1：1/3)

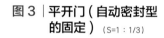
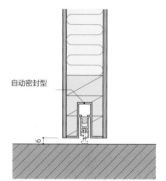

自动密封型

图4│推拉门外框固定 (S=1：1/3)

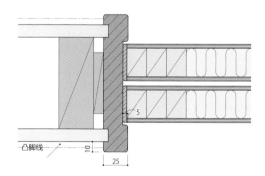

凸脚线

话题｜与厨房柜台相配的高凳

mrs.martini
设计·照片：STUDIO KAZ

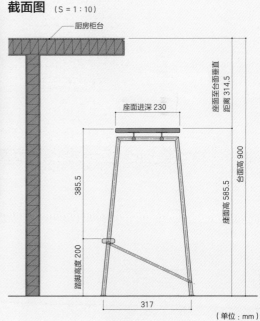

截面图（S = 1 : 10）

厨房柜台

座面至台面垂直距离 314.5

座面进深 230

台面高 900

座面高 585.5

385.5

踏脚高度 200

317

（单位：mm）

　　大约自 2000 年开始，开放式厨房的格局发生了变化。过去，几乎清一色都在水槽前竖起一道高 200～300mm 的墙，让人看不到操作的情形。但从这时起，不仅不再进行遮掩，而且还使操作台面延伸，逐渐演变成可相对而坐的柜台形式。

　　最初，这样的形式无法与厂家的标准整体厨房规格对应，只能专门订做或从标准规格的订单中挑选近似的产品。如今，几乎所有厂家都在自己的标准中列入了规格齐全的此类产品。尽管如此，与其台面高度对应的高凳种类却很少，甚至根本找不到适配的高凳。好不容易找到的这种少见的高凳，虽然稳定性很好，却又显得十分笨重。

　　为此，笔者设计了一种高凳【照片】，它不仅很轻，便于搬运，而且可以放到厨房的踏台上。我们将这种高凳叫做"mrs.martini"。它由不锈钢的蹬腿、木质座面和踏脚构成，木质部分与厨房的台面材料均来自相同的树种，色调也很相近。在商店等处的设计中，也有用皮革制成高凳的座面。

设备

059

采光

Point 作为一种生态系统，采光无论对于人还是对于地球都比财富更重要
采光会随着时间和季节变化

关于采光窗

现在，高层建筑林立，公寓大楼随处可见。而在此之前，人们从经济的角度出发，一直很重视昼光的利用。

例如，在小学校的教室里，仅靠单面采光，室内深处的照度便显得不足。为此，又增加从另一侧走廊进入的光线，使之成为两面采光的形式。住宅也是一样，窗的开口均按照法规要求配置，以确保得到充足的日照。在走廊和门厅等对采光要求不高的场所，则设置天窗和高窗，充分利用昼光。总之，采光计划的制定，必须考虑建筑物及空间的用途，因地制宜地组合运用昼光和人工光源。窗不仅用于采光，还具有通风、眺望等重要功能。换言之，窗是连接人造空间与自然空间的纽带。假如没有窗子，不透一丝光线，便无法知道时间的流逝和季节的变换。待在这样的空间里，一定觉得是在被囚禁着【图1】。

更多地采集阳光

日本住房的设计，对阳光在各个季节的不同投射角度都经过仔细计算。夏季，太阳的直射光越过出檐投到地面上成为间接光，再从地面反射到屋内来。另外，当冬季阳光的入射角很低的时候，又作为直接光照进室内。因此在冬天，阳光可直抵屋子深处。当时的窗户还没有镶嵌玻璃，是纸糊的隔扇。从这样的纸窗滤过的光线，柔和地扩散开来。

如今，窗上的糊纸几乎全被玻璃取代，夏季强烈的阳光直接射到屋子里来，使得靠窗处酷热难耐，也降低了空调的效率【图2】。无论光还是热，均对室内环境构成直接影响。为能够调控这些影响要素，有必要对窗的位置、窗的大小和窗的朝向做出合理的设计。而且，通过采用不同材质的玻璃和精心设计的窗帘，营造出令房主倍感舒适的空间。

图1 | 阳光与人体生物钟的有机联系

被认为设在生物体内的时钟，叫做生物钟。其设定表现出以1天约24小时为周期的昼夜节律。通过每天早晨沐浴朝阳（强光），可重置其与地球24小时节律的偏移。因此，阳光与生物钟有着密切的关系

中午，受阳光照射，分泌神经传输物质和五羟色胺。它们是使人夜里入睡的荷尔蒙和褪黑素的主要成分，从安眠的角度看，白天增加五羟色胺的摄入是很重要的

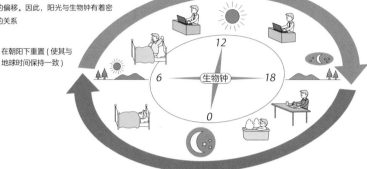

在朝阳下重置（使其与地球时间保持一致）

五羟色胺增加，以其作为主要成分、可帮助入睡的荷尔蒙和褪黑素也会增加

※ 中午，在室内即使单靠阳光也容易入睡

图2 | 不同季节的照度变化

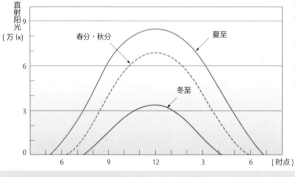

直射阳光（万lx）

春分·秋分

夏至

冬至

（时点）

从日照时间变短的秋季到冬季，在高纬度地区便开始有人患上冬季抑郁症。可采用光学疗法加以治疗，因属季节性疾患，春天一到，便不治自愈。由此可知，光与生物钟的关系十分密切

Pick! UP. 现场的各种说法

应受到关注的生态

听到生态一词，会让你想起什么呢？或许是节省能源、节约资源和循环再利用之类与钱物有关的概念吧。只要采光好，便可以不设昼间照明，从而节省了电费和减少了CO_2排放，自然也有利于保护环境。但更重要的意义，则体现在生态学方面。射入室内的阳光使人的五羟色胺分泌增加，并很容易合成褪黑素，可帮助人入睡，使生物钟走得更准确，人的精神和肉体也变得更健康。既有利于人类生活和地球环境，也有利于财富的创造，这才是我们所要构建的生态！

060

照明基础知识

照片提供：东芝 RAITEKU 株式会社

Point　照明（人造光源）是太阳（自然光）的代用品
运用魔术手段的照明

了解照明的历史

1879 年，爱迪生发明了电灯，一种有着与日光相同波长的白炽灯泡。白炽灯发出的扩散光柔和而又温暖，通过调光控制，产生良好的心理效果。除此之外，还有荧光灯。荧光灯不仅具有较高的照明效率，而且发光十分均匀。它的色温种类也很多，可根据作业条件和用途加以选择【图 1、2】。

另外，近年来 LED 也走向高品质、低价格的发展道路，加之商品种类和色温选择逐渐增多，使其应用范围不断扩大。我们应该知道，LED 是一种几乎没有紫外线和红外线的光源。通过对全彩 LED 的控制，能够显示出 1670 万种光色。作为一种烘托空间和建筑物的照明手段，非常值得期待。此外，有机 EL 的开发也在进行中，将使照明的作用涵盖更多的领域。

重视照明的作用

照明的作用，就在于能获得一定亮度以及作为营造空间的手段【图 3】。但在酒吧之类的场所，室内亮度则被抑制到很低的程度，这样可使人的心情平静下来，坐在柜台前彼此即使距离很近也相互看不清楚。这也是亮度影响心理状态的一个例子。踏着太阳运行节拍生活的人类，夜晚来临时光线一变暗，大脑便会分泌一种催眠物质（褪黑素）。因此，入睡与亮度有很密切的关系。早晨醒来能够见到阳光很重要，只有这样才能使自己的生物钟每天都得到调节。综上所述，我们应该认识到光线对于人体的生理机制是何等重要。

光线对阴阳的平衡同样不可或缺，没有了阴影，光也不复存在。光线对空间的烘托与表现人物和商品的形象一样，无非是照亮想要凸显的东西，并设法抑制其周围的亮度。

图1｜天空和灯光的色温

(参照小泉照明产品样本)

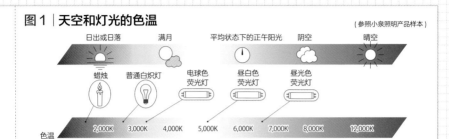

日出或日落　满月　　平均状态下的正午阳光　阴空　　晴空

蜡烛　普通白炽灯　电球色荧光灯　昼白色荧光灯　昼光色荧光灯

色温　2,000K　3,000K　4,000K　5,000K　6,000K　7,000K　8,000K　12,000K

单位：开尔文 (k)

图2｜照明用语

光束 (lm)	自光源 (灯) 发出的光量
亮度 (cd)	光的强度
照度 (lx)	照射面单位面积接受的光量
辉度 (cd/m²)	从某个角度去看时的光强度或炫目程度
色温 (k)	表示光色的单位。越红数值越低，越蓝数值越高
显色性 (Ra)	表示照射光线时被照物色彩再现性的单位。Ra100 表示色彩再现性最高
眩光	辉度极高部分使人无法直视，并让人感到不舒服
反射率	因内装材的材质和颜色而改变。在做照度计算时不可或缺
镇流器	用于启动放电灯具。如采用电子形式，则称为变频器

图3｜各种照明灯具所适用的房间大小

(参照小泉照明样本)

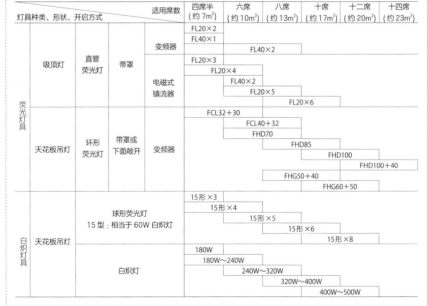

灯具种类、形状、开启方式			适用席数	四席半(约 7m²)	六席(约 10m²)	八席(约 13m²)	十席(约 17m²)	十二席(约 20m²)	十四席(约 23m²)
荧光灯具	吸顶灯	直管荧光灯 带罩	变频器	FL20×2 / FL40×1	FL40×2				
			电磁式镇流器	FL20×3 / FL20×4	FL40×2 / FL20×5	FL20×6			
	天花板吊灯	环形荧光灯 带罩或下面敞开	变频器	FCL32+30	FCL40+32 / FHD70	FHD85	FHD100	FHD100+40	
					FHG50+40		FHG60+50		
白炽灯具	天花板吊灯	球形荧光灯 15型：相当于 60W 白炽灯		15形×3 / 15形×4	15形×5	15形×6	15形×8		
		白炽灯		180W / 180W～240W	240W～320W	320W～400W	400W～500W		

第5章

设备

133

061

照明设计

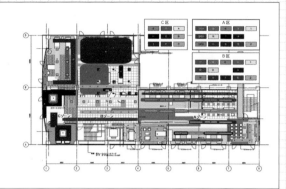

Point 注重明暗的均衡
用5W1H使整体效果统一

从一室一灯到按需照明

住宅的照明,几乎都采取在顶棚安装一件灯具以确保整个室内亮度的形式。假如大量使用白炽灯,会产生一定热量。虽然使用白色荧光灯的家庭很多,但因不像办公室那样宽敞,一般都显得过亮。LED 的配光角度较窄,如果只是垂直照射,灯光特别明亮,甚至让人感到炫目。最近,荧光灯和 LED 也出现了可调色调光的类型。尽管可作为渲染空间的手段,然而也有一定限度【表1】。

要提高渲染效果和心理效果,便应了解各种光源的特点,安装位置做到高低错落,并设法使被照物产生漂亮的明暗反差。电气回路要分区设置,根据时间和场面的不同,营造出相应的氛围。通过采取这种程序设计的照明手法,则可构筑一个舒适的环境,使主人在该空间内的活动(进餐、学习等)更加便利。

任务照明和环境照明

超市里摆放的肉类,均呈鲜艳的红色,看上去十分美味。其实,这是光所营造的效果。照在肉类上的是红光,而照在蔬菜上的则是绿光。在设计上,已经考虑到两种不同用途的照明:给予店内一定亮度的照明以及让商品显得漂亮的功能性照明。其他场所的设计,如餐馆的照明,可分为营造店内氛围的照明和显出桌上菜肴美味的照明。在酒店的入口处,则有凸显豪华感或表现出度假胜地风格的照明;柜台处配置的照明,又能够吸引客人驻足等等。

即使住宅,也要根据每个房间的功能和用途做照明设计【表2】。如老龄者的眼功能退化,视力很差,但对眩光却越发敏感。应该充分利用脚灯和传感器,使其能够与家人一起正常生活。

表1 | 光源种类

	白炽灯	放电灯	电场
发光原理	加热灯丝使其发光	自电极飞出的电子与灯管内的水银原子碰撞，产生的紫外线遇到玻璃管内的荧光物质发出可见光	通过在荧光体上施加交流电压，电流几乎不流动而与电子再结合发光
特点	可调光	不能调光（其中部分可调光）	不能调光（一部分可调光）
	热辐射强	热辐射弱	热辐射弱
		需要镇流器（变频器）	
色温	仅有电球色	有多种	有多种
种类	普通灯泡 (2012年停止生产) 氪灯泡 卤素灯泡	荧光灯 水银灯 高压钠灯 金属卤化物灯	LED 有机EL 无机EL

表2 | 住宅内部照度指标

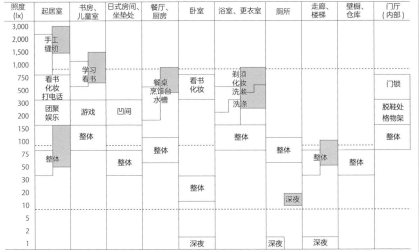

□ 普通房间　■ 老龄者房间

Pick! UP. 现场的各种说法

从使用者角度思考问题

　　在做照明设计时，必须充分考虑眩光问题。譬如，药房配药室内摆放的药品，其背面贴着的标签很多都是银色的，药剂师要根据上面的文字识别药品。在这种场合，即使有足够的照度，但因存在较强的眩光，使视力降低，结果给操作带来很大不便。此外，还应该具有维护和运行成本方面的意识，对光源的种类、灯具的使用寿命及其价格、购置的方便程度、耗电量和节省电费等诸多问题也应给予充分的重视。

062

照明灯具

Aeros
设计：Ross Lovegrove
Photo Copyright：Louis Poulsen

Point 在样品陈列柜处确认灯具的大小和风格
考虑到空间整体的亮度均衡

了解照明灯具的种类

　　照明灯具不仅安装在顶棚上，也可以设在墙壁、脚下、地面和桌面上【图】。安装在顶棚上的照明灯具有筒灯、灯体可动式的万向筒灯，以及用于照亮墙面的洗墙灯等。另外，装饰性较高的多灯灯具被称为枝形灯，单灯灯具和直接固定式灯具则分别被称为吊灯和吸顶灯。此外，还有固定在墙上的壁灯和嵌装在脚下的脚灯。这些灯具的设置，多半都须进行安装施工。设在地面和桌面的立灯比较简单，只要插入电源插座即可使用。根据使用场所的不同，立灯可分为落地灯和台灯。至于射灯，则有安装于顶棚、墙壁和地面等不同类型。一些灯具还可调光，或者附带的遥控器具有时间继电器的功能。

露出，还是不露出灯具

　　类似枝形灯和吊灯那样造型优美的灯具，可起到装饰内部空间的作用。因此，在灯具的配置上如何让人感到均衡便显得尤为重要。一种与此对应的手法是不露出灯具，即采用间接照明和建筑化照明。建筑化照明，是将照明与建筑物及内装本体组合在一起，在建筑施工初期阶段便应对照明设计做出谋划。那种与建筑物浑然一体、不炫目的柔和灯光，是在商业设施等处经常见到的。最近，也正在被住宅采用。

　　另外，在筒灯上安装防眩目反光板的灯具也逐渐增多。这样一来，筒灯眩目的最亮部分恰好位于反光板处，映入人们眼帘的只是顶棚上明亮的光柱。通过采取眩光不外泄的手段，使灯具也不再那样显眼。这一切，对于整体上的和谐都十分重要。

图 | 各种照明灯具的名称

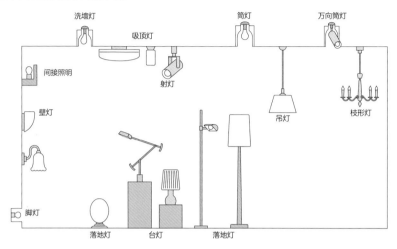

表 1 | 光源及其照明灯具的寿命

(H：小时)

光	源		
普通灯泡	1,000H	球形荧光灯	6,000H～
氪气泡	2,000H	水银灯	12,000H
卤素灯泡	～4,000H	金属卤化物灯	6,000H～
荧光灯	6,000H～		～40,000H
紧凑型荧光灯	6,000H～	照明灯具	8～10 年

表 2 | 相同亮度不同灯具所需 W 数比较

白炽灯	荧光灯	LED(电球色)
相当于 40W	9W	4.1W
相当于 60W	13W	6.9W
相当于 75W	18W	9.0W
相当于 100W	27W	——

Pick! UP.

现场的各种说法

掌握正确的照明基础知识

最近令人惊诧的一件事是，在 20 到 25 岁的人群中，普遍将立式灯作为间接照明的手段。对立式灯感兴趣并完全依靠这种照明度过每一天的人正逐渐增多。这尽管并不是什么坏事，但认真探讨起来，看法未必相同。立式灯从灯伞处射出直接光，或者说是一种透过灯伞发光的直接照明。而所谓间接照明，则是利用顶棚、地面或墙壁的反射光的照明手法。

另外，当灯伞、灯泡或灯管的表面出现污渍时，灯的亮度将显著降低。安装在易脏场所的灯具，其亮度一年即降低 40%；一般场所的灯具，亮度每年也会降低 20%。虽然荧光灯的寿命即使超过 [表 1、2] 中的使用寿命也不至于马上不能开启，但照度要比原来降低 30%。尽管各种灯具仍在消耗相同的电量，然而其亮度都降低了。

137

063

照明程序设计

照片提供：小泉照明株式会社

Point 有利于节能和低成本的项目
照明营造的不同氛围，可改变人的心理和行为

改变照明效果，场景也会随着改变

这让我想到酒店宴会厅的情形：每逢节假日，用于举行结婚仪式，成为豪华的婚宴大厅；平日里白天作为各种研讨会的会场，夜间则可能是新书发行招待会的会场。这些场合的照明是完全一样的，还是印象迥异的呢？另外，即使同一个会场内或许也需要不同的照明效果，那又该如何处理呢？譬如，在结婚仪式上，新郎新娘入场时与到场亲友欢聚时的情形是不一样的，因而所需要的照明效果亦各不相同。假如完全都按照这样的需要配置照明，则是一件很麻烦的事。为此，必须事先给控制器设定程序【照片、图】。假如控制每个回路的调光百分比、并且对时间加以设定，只要简单地操作一个按钮，便可以按着设定的程序开闭照明和营造出各种氛围。而且，各种场所需要的照明效果都能够进行设定。通过改变照明效果，就可以构筑出与会场氛围相称的室内环境。

采用各种照明方式

过去的照明程序设计，在于塑造空间形象，并凸显出促进行为心理的作用。譬如，在餐馆里，一般设定在交换菜单时变换场景照明。假如是这里的常客，立刻就明白接下来要做什么，因此通过视觉便可起到加快下步行动的作用。

另外通过对夜晚空间效果的渲染，则能够让人悠然自得地享受一顿美味的晚餐。住宅也是一样，假如能够预先设定各种照明程序，使其分别对应进入卧室就寝之前、睡眠过程中和早晨醒来等各种场景，就会有助于提高睡眠质量，并且醒来后精神更加振作。

进而，还可以利用人感传感器和光感传感器，在必要位置和必要时间做必要亮度的配光，从而使照明设计成为一种绿色环保设计。今后，照明程序设计的重要性将进一步显现。

照片 | 控制单元

场景变换按钮

场景设定完成后，只要按下这个按钮
场景即可改变

配光器 3000 型

图 | 系统图

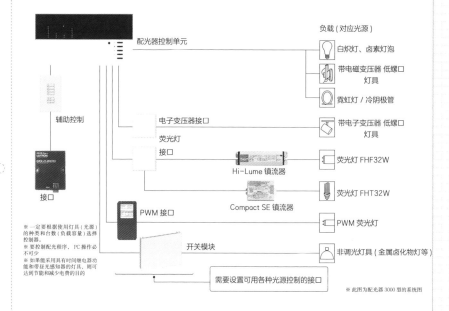

配光器控制单元

辅助控制

接口

电子变压器接口

荧光灯
接口

Hi-Lume 镇流器

Compact SE 镇流器

PWM 接口

开关模块

负载 (对应光源)

白炽灯、卤素灯泡

带电磁变压器 低螺口
灯具

霓虹灯 / 冷阴极管

带电子变压器 低螺口
灯具

荧光灯 FHF32W

荧光灯 FHT32W

PWM 荧光灯

非调光灯具 (金属卤化物灯等)

需要设置可用各种光源控制的接口

※ 此图为配光器 3000 型的系统图

※ 一定要根据使用灯具 (光源)
的种类和台数 (负载容量) 选择
控制器。
※ 要控制配光程序，PC 操作必
不可少
※ 如果能采用具有时间继电器功
能和带昼光感知器的灯具，则可
达到节能和减少电费的目的

Pick! UP.

现场的各种说法

用 LED 展现的光影世界

LED 可用照明程序营造出各种各样的场景，在烘托现场气氛方面正发挥越来越大的作用。1 盏灯具配上多个 LED 元件，通过 RGB(光的三原色 : 红绿蓝) 的组合则会变幻出无数色彩。结构紧凑的灯具很容易安装在建筑物内，并要与表达的主题契合。因此，灯具不再单纯是为了照亮建筑物，今后将会越来越多地出现闪烁着美丽光辉的建筑物。

064

插座、分电盘

出典：东京电力ＨＰ

Point 先用电柱上的变压器将电压降至100～200V后才能送电给各个用户
插座的安全等级可承受15A、1500W(15A×100V)的负载，该数值
的80%为额定值

分电盘和回路划分

自发电站输出的电力通过电缆至变电所，被逐渐降压后再输送给大厦、工厂，以及各家各户。最后，又经过电表进入室内的分电盘。分电盘是一个内部装有分别控制开关的盒子。输入分电盘的电力经供电公司安装的电流限制器（安培断路器）再进入漏电遮断器，然后被分配至多个配线用遮断器（安全断路器），与支路（配线）前端的插座和终端电器（负载）相连。虽然最大15A的单回路也能够连接多个负载，但像空调之类的大容量电器，则应设专用回路。假如电器产品存在100V/200V的区别，则要配置不同的回路。为保险起见，还应设置多条回路。在对建筑物或店铺进行改造时，应该先确认现有回路的状态，并以此为基础制定电气配线方案。

普通住宅以单相三线式为主

所谓单相三线，系指自变压器通过一条线路向各用户输送电力的方式【图】。普通住宅使用的电器，电压多为100V或200V。不接插座即可使用的PC、电话机、使用接地插座的冰箱及洗衣机等装有电动机的电器，也采用100V的电压。近来，空调机和洗碗机所采用的电压，有200V和100V两种。电磁炉采用的电压为200V。

综上所述，单相三线式可分别使用100V/200V的电压。而且，一旦今后加装夜间蓄电器和家用电梯等设备，又能够增大额定的电流值。插座的配置，则应符合各种电器的不同要求【照片】。插座的额定电流为15A。制定方案前，要对室内可能配置的电器加以确认。

图 | 单相三线式 100V/200V 配线图

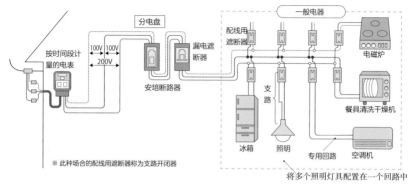

分电盘

一般电器

按时间段计量的电表

100V 100V
200V

安培断路器

漏电遮断器

配线用遮断器

电磁炉

支路

餐具清洗干燥机

冰箱 照明 专用回路 空调机

※ 此种场合的配线用遮断器称为支路开闭器

将多个照明灯具配置在一个回路中

照片 | 插座种类

嵌入式双联插座
标准型

防脱插座
用于 OA、AV 等仪器
防脱型

嵌入式接地插座
带接地双联插座 用于各种
高电压电子仪器

15A 及 20A 兼用的接地插座
单独用于空调机之类容量
1000W 以上的电器

嵌入式磁力插座
电磁式插座 老年人走路时
绊住也无大碍

多媒体插座
将电源、通信、信息集于
一处 可享受上网和 CS 广
播等多媒体的乐趣

地面用插座
嵌入地面型

户外用插座
户外配置防水型

※ 在配置插座时，住宅可按照每 2 席 1 个的标准，办公室和店铺则应根据布局而定

照片提供：パナソニック电工株式会社

Pick! UP.
现场的各种说法

关于照明开关

除用拉线开关控制立式灯和顶棚照明外，还可使用墙壁上的开关控制设在顶棚及墙壁上的照明。在室内装有多个照明灯具的情况下，则应按照区划、范围、场合等分别设置回路。在全部为白炽灯具时，只要采用调光开关，就能够很容易对亮度进行调节。

065

电气设备
——LAN（局域网络）

Point LAN是英文 Local Area Network 一词的缩写
除了办公室，还应关注住宅里的LAN

有条不紊的 LAN 环境

LAN 系指，在同一地块和同一建筑设施的有限范围内，将多台 PC 和 OA 设备连接起来的数字信息网。在办公室自动化方式中，要连接各种信息设备，使之便于共同利用，LAN 则是最佳选择。办公室里的 LAN 也称为社内 LAN。为了能够收纳很多通讯、信息和电气的线路，要在办公室内的地下设 OA 层，使地面成为双重结构。另外，在弱电盘（信息分电盘）内收纳相关通讯装置。其中包括，升压器、分电器、网络终端、路由器、集线器等。

同样，住宅的配线也要根据电话、有线电视、光纤、IP 电话、住宅安保、数字电视信号地面接收和加装 PC 等通信信息设备的需要，提前敷设配管。这被称为宅内 LAN【图】。

关注未来 LAN 的构建

过去，住宅配置的通信设备只是电话和传真机之类。然而近十年来，互联网已走入千家万户。从前那种以个人为服务对象、低速拨号上网的从量制，大约自 2001 年开始，已被定额的宽带服务所取代。随着费用的降低，宽带用户也呈现爆发性增长趋势。差不多在同一时期，也可以使用移动电话上网了。最近新建的公寓和大厦，一开始便构筑成完善的 LAN 环境，都具备单靠无线 LAN 即可上网的条件。不过，如是独立住宅，在距信号源较远的楼层上网，因电波状态很弱，可能网速较慢。

不久的将来，自照明等发出的信号（信息），经由互联网被移动电话和 PC 接收后，就可以进行远程控制。到了那时，便进入一个有利于节能和防灾的家庭自动化时代。

图 | 住宅内部 LAN 构成机制

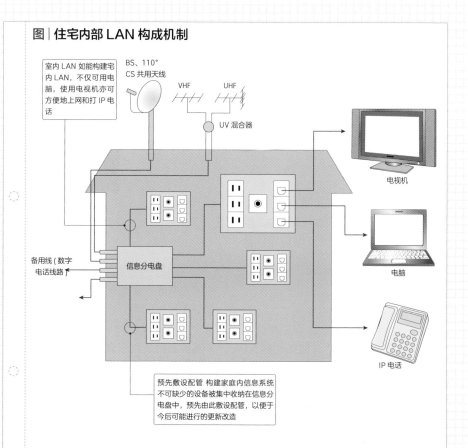

室内 LAN 如能构建宅内 LAN，不仅可用电脑，使用电视机亦可方便地上网和打 IP 电话

BS、110°
CS 共用天线

VHF

UHF

UV 混合器

电视机

电脑

备用线（数字电话线路）

信息分电盘

IP 电话

预先敷设配管 构建家庭内信息系统不可缺少的设备被集中收纳在信息分电盘中，预先由此敷设配管，以便于今后可能进行的更新改造

Pick! UP.

现场的各种说法

明确电气、通讯和信息三者的关系

　　这是在进行办公室改造时需要注意的事项。凡通信信息配线与电气配线重叠处，均须经客户确认。如客户要求单独为 PC 配线，则电气配线则应提前敷设。尽管如此，到了移交的那一天，电话线路仍可能不通畅，甚至客户还发现某个插座不通电。经过仔细检查后才知道，是因为进行通信线路施工时刮掉了电气配线。但凡隐蔽的东西，客户也不容易理解。因此，要多了解一些这方面的信息。

066

换气设计

设计：STUDIO KAZ
照片：山本 MARIKO

Point 室内换气的设计应符合法律规范
所需换气量要在出口处计算

自然换气与机械换气

最近的建筑物正在朝着"高气密、高绝热"的方向发展。伴随而来的是由粘结剂和涂料等挥发的甲醛及 VCC 之类的化学物质，也导致楼宇综合症的出现，成为损害健康的罪魁祸首，这个问题逐渐为人们所重视。因此，室内的换气设计便成了一个重要课题，而且根据建筑基准法的规定，必须配备可 24 小时运转的换气装置。

换气有自然换气和机械换气之分。进而，自然换气又可分成风力换气和温差换气。通常所说的换气，则是指风力换气。按照建筑基准法的规定，"有效换气面积应不少于室内面积的 1/20"。最好能够在两个方向设置开口，形成通风机制。

计算必要换气量的依据是，房间的用途、产生污染物质的多少以及室内停留人数等。类似厕所、厨房、淋浴间等会在短时间内产生大量污染物质的空间，需要通过机械设备进行强制换气。尤其是厨房，由于燃气燃烧过程中消耗氧并释放二氧化碳，因此不充分的换气有酿成事故的可能。至于厨房的必要换气量，可用表中的公式算出【表1】。

排气与供气的平衡很重要

做换气设计时，不仅要考虑到排气，还应将送气包括进去。假如送气量小于排气量，房间里将成负压状态，外面的空气会从门窗等处的缝隙强行钻入，产生尖锐的哨声，有时要打开入口处的门（内开门）都很困难。另外，在采用多翼式风机时，排气经风道被输送至户外。输送距离越长，随着拐弯次数的增加，换气能力也逐渐减弱。因此，除了机械设备所产生的换气量外，更须对风道出口处的换气量进行计算。

表1 | 用火房间所需换气量计算公式

厨房之类用火场所的必要换气量，规定由下面的公式求出

日本建筑基准法施行令第 20 条 3 款第 2 项 /1970 年日本建设省告示第 1826 号

必要换气量 (V)= 常数 (N)× 理论废气量 (K)× 燃料消耗量或发热量 (Q)

V：必要换气量 (m³/h)：根据换气设备参照下图选择　K：理论废气量 (m³/kWh 或 m³/kg)

Q：燃气灶燃料消耗量 (m³/h 或 kg/h) 或 (kW/h)

常数 (N)

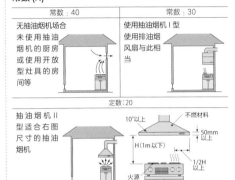

常数：40	常数：30
无抽油烟机场合 未使用抽油 烟机的厨房 或使用开放 型灶具的房 间等	使用抽油烟机 I 型 使用排油烟 风扇与此相 当

定数：20

抽油烟机 II 型适合右图尺寸的抽油烟机

10°以上　　不燃材料
50mm 以上
H(1m 以下)
1/2H 以上
火源　　ガス器具

理论废气量 (K)

燃料种类	理论废气量
城市燃气 12A	
城市燃气 13A	
城市燃气 5C	0.93 ㎥/kWh
城市燃气 6B	
丁烷燃气	
LP燃气(以丙烷为主要成分)	0.93 ㎥/kWh (12.9 ㎥/kg)
煤油	12.1 ㎥/kg

燃气灶与发热量 (Q)(参考值)

燃气灶		发热量
城市燃气 13A	灶具 1	4.65kW
	灶具 2	7.32kW
	灶具 3	8.95kW
丙烷燃气	灶具 1	4.20kW
	灶具 2	6.88kW
	灶具 3	8.05kW

表2 | 风机的种类及其特征

	种类和特征	形状	叶片	用途
轴流风机	**螺旋桨风机** ①轴流风机结构最简单，而且体积小　②风量大，但静压低，约在 0 ~ 30Pa 之间，因此受到风道的阻抗时，风量急剧减少　③其他均采用压力型，如可用风道连接的有压换气扇以及可插入风道间的紧凑型斜流风扇			用于厨房、厕所等直接对着外墙的场合
离心风机	**多翼式风机** ①与水车原理相同。如图所示，叶轮上有许多很窄、朝前嵌装的翼片　②静压高，适用于所有送风机			空调机抽油烟机等不直接对着外墙的场合，要使用风道排气

Pick! UP. 现场的各种说法

多翼式风机和螺旋桨风机

送风机有两种，一种是称作螺旋桨风机的轴流风机，还有一种是以多翼式风机为代表的离心风机 [表2]。与使用风道向户外排气的离心风机相比，安装在墙壁上、直接朝户外排气的轴流风机，虽然风量很大，但其排气能力对周围环境的影响也很明显。因此，它不适合较高的楼层使用。尤其是，近来岛式厨房已成为主流，使用多翼式风机的也多了起来。虽然抽油烟机也在不断改进，而且样式五花八门，但是从排气效果上看，还很难说尽如人意。

设备

067

声环境

照片：STUDIO KAZ

Point 了解声音的传播方式
控制残响

声音的属性

声音具有强度、音高和音色 3 个属性。平时，我们对声音大小的感觉，显示出声压的高低。声音的强度即指这个声压，通常其单位用 dB（分贝）表示。

因为声音是在空气中传播的波动现象，所以其性质会随着波长改变。这样的波长亦称频率，表示我们耳朵听到的声音的音高。我想弹奏乐器的人都会懂得，乐器调音时，大多将基准音（A=音阶 6）定在 440kHz。音程每提高 1 个 8 度，频率将增大 1 倍。譬如，原本频率 440Hz 的 A 音在被提高两个 8 度后，其频率变成 1760Hz。而人的声音频率，男性为 100 ~ 400Hz；女性为 150 ~ 1200Hz。

类似钢琴和吉他那种固有的声音，则被称为音色。即使频率相同的声音，我们的耳朵也能分辨出其音色的区别。

我们可以将耳朵听到的声音分解为 3 个属性，将其理解成某种信息。

考虑到残响的声环境

在考虑声环境时，残响也是一个重要问题。像石材、瓷砖和玻璃那样，表面光滑、内部致密的材料，吸音性能很差。传到墙壁上的声音不被吸收，总会反射余音并持续一段时间，这就是所谓残响。例如，在墙壁贴着瓷砖的浴室内，一旦发出声音，残响会持续相当长的时间。当反射的声音与发出的声音重合后被我们听到时，产生的效果就像歌唱中响起的悦耳的共鸣。但是，在谈话时，人们却不一定习惯这样的声音。反之，那种残响较少的环境更容易营造出令人气定神闲的氛围。尽管如此，假如寂静得听不到一点声响，也同样会造成心理上的紧张。

图 | 声音的传播

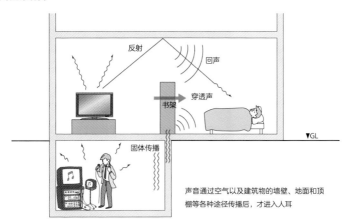

声音通过空气以及建筑物的墙壁、地面和顶棚等各种途径传播后，才进入人耳

表 | 关于噪声的环境标准

区 域		按时间划分的基准值	
		上午6时~晚10时	晚10时~上午6时
非面向道路区域	面向道路区域	50以下	40以下
	特别需要安静的区域	55以下	45以下
	混在一定数量的住宅中、用于商业、工业等的区域	60以下	50以下
专门用于居住的区域	在特别需要安静的区域内、面向2车道以上道路的区域	60以下	55以下
	在专门用于居住的区域内、面向2车道以上道路的区域。混在一定数量的住宅中，用于商业、工业等的区域内，面向设有机动车道道路的区域	65以下	60以下
	靠近交通干线的空间（特殊情况）	70以下	65以下

单位：dB(音阶A)

Pick! UP. 现场的各种说法

鸡尾酒会效应

　　人耳会不断地听到声音。而且，几乎总是多种不同频率的声音交织在一起。当超出一定限度时，则成为噪声【图、表】。尤其是城市的中心区，噪声十分严重。噪声对谈话等构成的妨碍，被称为 masking(掩蔽) 现象。不过，即使在噪声中，仍可清楚分辨出你所关注的某种声音。人的这种能力，也叫做"鸡尾酒会效应"。人所具有的鸡尾酒会效应，使我们在嘈杂的噪声中也能够听清所关心的谈话内容。

147

068

厨房的
热源

照片提供：株式会社 TSUNASHIMA 商事

Point 热源分为燃气和电气两种
正确了解电磁炉和燃气灶的优缺点

电磁炉

普通厨房的烹饪加热设备分为电磁炉和燃气灶两种【照片 1、2】。电磁炉在表面玻璃层下设有线圈，当电流通过时产生电磁感应，使烹饪用锅体发热。而燃气灶，则通过燃气与氧气混合燃烧产生火焰。

电磁炉的性能在不断提高的过程中。数年前，人们还对其是否能做出可口的饭菜抱着怀疑的态度；如今，它在烹饪上的表现，完全可与燃气灶媲美。而且，即使平时不怎么下厨房的人，也可以用电磁炉做出一餐美味的菜肴。不过，一些不太习惯使用电磁炉的人，对那种一旦改变烹饪手法就得调节加热量的方式或许感到很麻烦。因此，在设计上应尽量方便实用，以便能够继承和保持老一辈的传统口味。

顺便说一下，燃气灶在燃烧时会对室内空气造成污染；而电磁炉，假如仅限定在住宅内使用，则是一种不会污染空气的绿色产品。但是，由于电磁炉不能产生燃气灶那样的上升气流，因此排气完全依赖抽油烟机的能力大小，油烟也会向周边扩散。如在岛式厨房设置电磁炉，尤其要注意这一点。

燃气灶

依据日本 2008 年颁布的法律，燃气灶的所有燃烧嘴均配设 Si 传感器，使其变得更加安全了。使用明火烧制的肉和鱼味道格外鲜美。最近还出现一种带荷兰烤箱的燃气灶，其烤架部分与小型烤箱连在一起，性能更加完善，也使应用范围进一步扩大。另外，餐馆厨房燃气灶在使用上也越来越方便，可保证烹制出的菜肴更加美味【照片 3】。不过它也存在一定的缺点：易受污染和整体较重。而且，对于排气以及周围耐火结构的状况要格外注意。

照片 1 | 电磁炉

KM6380LPT 共有 9 级火力，如何设定一目了然。是一种简约实用的设计

照片提供：MIRE・JAPAN 株式会社

照片 2 | 燃气灶

"DELICIA GRILLER"（林内公司）带烤架型，造型别致。并附设荷兰烤箱

照片提供：RINNAI 株式会社

照片 3 | 商用燃气灶

餐馆厨房用，火力强大，很适合烹制各种菜肴

照片：STUDIO KAZ

Pick! UP. 现场的各种说法

饮食教育与接触教育

最近，电磁炉的普及十分迅速。与此同时，也出现许多对电磁炉的误解。其中最突出的问题是，认为电磁炉不使用明火，不致酿成火灾。或许因为太相信这个说法了，使用电磁炉过程中能否产生火灾竟成为热议的话题，甚至上了烹饪节目，以及杂志烹饪专辑的头条。经过试验，如用很少的油来炸食物，只要油温达到燃点，也同样变成火焰。因此，不管是燃气灶也好，还是电磁炉也好，均应遵循一个最基本的原则：在烹饪过程中须臾不可离开。我觉得，是使用电磁炉还是使用燃气灶，都应该根据个人生活的需要来选择。而且，从"饮食教育（接触教育）"的观点看来，燃气灶的减少将使人产生孤寂感。这是因为，家庭里可以看到明火的场所完全消失的缘故。将来的孩子们，可能会在对火毫无所知的状况下长大。这一点很令人忧虑。

069

厨房的水槽和水龙头

照片提供：GUROE JAPAN 株式会社

Point 水槽与操作台面的关系，取决于是否顺手
选择单柄式混合水龙头，要根据性能和外形

关于水槽

水槽的材料有不锈钢、陶瓷、人造大理石、丙烯酸树脂、水磨石等，其中绝大多数由不锈钢制成。不过，近来人造大理石制水槽也在逐渐增多。在配置不锈钢操作台面时，如果水槽也同样由不锈钢制成，便可对二者做无缝焊接，使之成一体结构，从而给清扫带来极大的方便。人造大理石水槽也一样，可通过无缝粘接手段做成型处理。至于水磨石水槽，虽然也能够做一体化成型，但问题是施工周期较长，成本也稍高。水槽与操作台面的组合，除无缝连接外，还可采用溢流水槽、暗水槽等形式【图】。

水槽大小的设计，要充分考虑到业主饮食生活的需要。不仅有 300mm 见方的微型水槽及 1000mm 宽的巨型水槽，还有双水槽、凸底水槽、排水机水槽、阶梯式水槽、带斗水槽等。当然，如果订做的话，其大小和形状则可随意。在选择水槽时，要同时考虑到放洗涤剂和海绵球的位置。

关于水龙头

通常，厨房多采用单柄式混合水龙头【照片 1】。手持花洒虽然看上去时尚，却不一定实用。其他，还有具备泡沫吐水功能的，以及非接触型的，造型和售价也多种多样，可根据预算和个人喜好选择。净水器也有好几个品牌【照片 2】，仅内置式便有很多种。

不过需要注意，多数水龙头本体所采用的尺寸，不是与混合水龙头相同，就是稍大些，与水槽搭配起来显得很难看。最关键的是净水功能。尽管各厂家无不高调宣传自己产品的特点，其中包括碱离子水，但在选择时一定要仔细斟酌。

图│水槽安装方法

暗水槽的安装

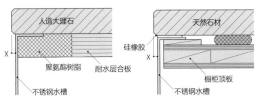

人造大理石

天然石材

X

X

聚氨酯树脂　耐水层合板

硅橡胶

橱柜顶板

不锈钢水槽

不锈钢水槽

按照厂家标准，台面探出尺寸（X）为6mm，如台阶过大会妨碍清扫，并成为发霉源。因此台阶应尽可能地小些（最好为0mm），但这要受到水槽和顶板开孔相对位置以及二者加工精度等诸多因素的限制。此外，如系多级压制成型水槽，无论如何要将 X 值设为0mm，以便于抬高蝶形排水位置

溢流水槽的安装

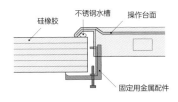

硅橡胶

不锈钢水槽　操作台面

固定用金属配件

与不锈钢顶板的接合

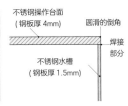

不锈钢操作台面
（钢板厚4mm）

圆滑的倒角

焊接部分

不锈钢水槽
（钢板厚1.5mm）

设计・照片：STUDIO KAZ

照片 1│混合水龙头

雅克布森型混合水龙头

照片提供：セラトレーディング株式会社

照片 2│净水器专用自动水龙头

此外尚须配装净水器本体

照片提供：TOTO 株式会社

Pick! UP. 现场的各种说法

也有圆形的水槽

在欧洲，常可见到圆形的水槽。不过，大多为 φ300mm 左右的小型水槽，这并不适用于日本人的饮食方式。理想的水槽宽度至少应有600mm。而且，在安装水槽时，必须考虑到其与操作台面的接合、水龙头的固定方式，以及烹饪时站立的位置等几方面的关系。否则，安装后的水槽使用起来会很不方便。照片中的例子是一个 φ600mm 的水槽，上面扣着75mm 高的法兰。混合水龙头、净水器和皂液器均自法兰内伸出。水槽安装在コ形厨房的

角落，因只有1/4探出台面，故既便于水龙头下伸脚，又不觉得距水龙头过远。而且，这个圆形水槽还形成一个半圆的水盆。

设计：STUDIO KAZ　照片：佐藤伦子

070

厨房中用于清洗和保存的设备

照片提供：株式会社 TSUNASHIMA 商事

Point 如今，使用餐具清洗机已经十分普遍
打消采用系统厨房内置冰箱的念头

餐具清洗机

最近，餐具清洗机进入厨房的趋势越发明显【照片 1】。餐具清洗机可分成国产与进口、宽 600mm 与 450mm、前开式与抽屉式等不同的类型。即使同为 450mm 型，现今流行的日本产抽屉型与进口的相比，收容量的差别也非常大。不用说 600mm 型的进口产品了，更是有天壤之别。它不仅可一次洗完当天用过的餐具，甚至还能洗饭锅、炒锅和抽油烟机的滤油网。尽管多占用室内 150mm 的宽度，仍然以选用 600mm 的餐具清洗机为好。唯其如此，才能够真正起到减轻家务劳动的作用。

日本国产机器与进口机另一个很大的不同，表现在关于干燥的设计理念。因日本国产机器多由餐具干燥机演化而来，故干燥功能很突出。进口机基本上采用余热干燥方式，热容量不大，难以做到彻底干燥（但近来经大力改进，出现一种配置风扇、类似照片 1 中那样的机型，其干燥功能也不逊色于日本国产机器）。

冰箱

选择多大的冰箱合适，取决于个人的生活方式【照片 2】。选择的依据是家里的人数和购物的频度。如想用大型冰箱，可将美国产品纳入选择范围。但是，因其体积大的超乎想象，故所占空间也相当大。而且，还必须考虑到搬运通道的问题。除此之外，还有一种系统厨房用内置式冰箱，侧重于室内的装饰效果。日本国产冰箱，由于镶嵌面板的边框比较突出，因此在外观上还很难尽如人意。与此不同的是，大多数进口冰箱几乎觉察不到边框的存在。为使室内设计效果达到整体上的和谐，可认真考虑选用进口冰箱。

照片 1 | 餐具清洗机

瑞典 ASKO 公司生产的餐具清洗机。全门型

照片 2 | 冰箱

美国 Amana 公司生产的
冰箱。不仅容量很大，而
且可同时取用冰块和冰水

Pick! UP. 现场的各种说法
建议选用宽 600mm 型餐具清洗机

餐具清洗机 2 ~ 3 级高速旋转的喷淋臂（旋转叶片）喷射热水过程中冲洗掉餐具上的污渍。450mm 型的机腔内部，进深大于宽度。因此旋转叶片只是沿宽度方向喷射水流，并且水流分布也不均匀。但是，600mm 型的机腔内部，因为宽度与进深几乎相等，所以喷射的水流也比较均匀。从这个意义上说，还是 600mm 型更具优势。

071

厨房垃圾处理设备

照片提供：SINKPIA · JAPAN

Point 留出摆放垃圾箱的位置很重要
尽量采用可处理含水厨房垃圾的设备

垃圾堆放场所

　　垃圾处理是厨房设计中的最大难题。有关垃圾分类的方法，虽然各地方政府的规定不尽相同，但是也有不少地方政府倾向于做更加细致的分类。这也使数目剧增的垃圾桶摆放在哪里成了棘手的问题。常见的例子是，在水槽下的抽屉中放个带盖的垃圾桶。但因需要做先拉抽屉、再开盖子这两个动作，有些麻烦，故可将水槽下面敞开，将带脚轮的垃圾桶放入其中。不过，此处收纳垃圾桶的数目毕竟有限，从总量上看仍然不足。因此，还须另备其他用途的垃圾桶。假如空间稍有富余，可设一个步入式储藏室，再将垃圾桶放入其中。这或许是有效的方法。

处理含水厨房垃圾的方法

　　在厨房产生的垃圾中，最值得注意的是那些散发难闻气味的含水垃圾。因此，离不开含水垃圾处理设备。

①垃圾处理机
　　处理机坚硬的刀刃飞快旋转，厨房垃圾被粉碎后径直进入排水系统中【图1】。这种处理方法虽然很方便，可是因为会加重排水系统的负荷，所以限制使用该设备的地方政府也不少。在选用之前，必须加以确认。不过，只要设置净化槽便可解决这个问题。因此，很多高层建筑都将其作为标准配置。

②含水厨房垃圾处理机（存放型）
　　主要当做家用电器销售，可置于厨房的角落或阳台上。基本有两种类型：一种可将厨房垃圾制成堆肥；另一种既可使含水垃圾干燥，变得轻量化，还可对其进行除菌处理【照片】。

③含水厨房垃圾处理机（分解型）
　　依靠细菌的作用将垃圾分解成有机物和碳酸气体。处理完 1kg 含水垃圾约需 24 小时左右【图2】。

　　在选用该设备时，应考虑到个人饮食生活方式，以及维护成本等因素。

图1 | 垃圾处理机

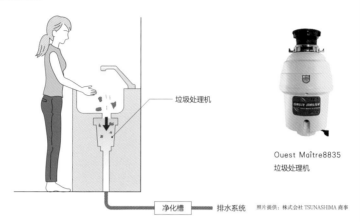

垃圾处理机

净化槽 —— 排水系统

Ouest Maître8835
垃圾处理机

照片提供：株式会社 TSUNASHIMA 商事

照片 | 含水厨房垃圾处理机（存放型）

照片提供：パナソニック株式会社

照片提供：株式会社日立制作所

图2 | 含水厨房垃圾处理机（分解型）

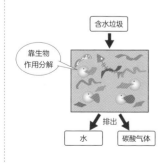

含水垃圾

靠生物
作用分解

排出

水 碳酸气体

设计的理念是，依靠生物作用将厨房垃圾分解成水和碳酸气体。24 小时内，在生物菌的作用下，厨房垃圾逐渐被分解

照片提供：SINKPIA · JAPAN

072

浴缸的种类

照片提供：TOTO 株式会社

Point 浴缸的种类及其安装方法，应在考虑个人生活方式的基础上决定氛围的营造，可将浴室变成使人放松的空间

根据形状和安装方法分类

　　家庭用浴缸的主要区别在于深度，可分为西式、日式及日西合璧式 3 种【表 1】。西式浴缸的长度约为 1400 ～ 1600mm，深 400 ～ 450mm；日式浴缸长度 800 ～ 1200mm，深 450 ～ 650mm。这是因入浴方法的不同所致：欧美人喜欢将身体舒展开来，长时间浸泡在浴缸里，并在浴缸内擦洗身子；而日本人则习惯将身体肩部以下浸在较热的水中。最近，除特殊例外，用得较多的还是日西合璧式浴缸，并且不仅有圆形的，也有可供家人同时入浴的复杂造型。

　　浴缸的设置方法可分成嵌入型、半嵌入型、独立型等。对于老年人来说，要跨入较深的浴缸有一定困难，且易发生事故，从安全角度考虑，应采用半嵌入安装方式。或者选择护理专用、边上设转椅的那种浴缸。

根据材料和功能分类

　　制造浴缸的材料有铸铁搪瓷、人造大理石、FRP、木材、不锈钢、丙烯酸树脂等【表 2】。近来，色彩造型琳琅满目并颇具豪华感的人造大理石浴缸逐渐成为主流。不过，从前那种兼具厚重感及保温性的铸铁搪瓷浴缸，人气仍然很旺。另外，对使用扁柏之类耐水性很强树种制成的木质浴槽，需求也很大【照片 1】。

　　最近，随着漩涡浴缸【照片 2】及泡泡浴的流行，人们待在浴室里的时间也变长了。因此，越来越多的浴室，不仅在浴缸内装有照明灯具、使浴缸本身振动，而且还配有音响装置和电视机，浴室也逐渐走向大型化。如此一来，浴室作为使人放松的空间，其存在的价值毋庸置疑。

表1 | 根据形状划分的浴缸种类

日 式	西 式	日西合璧式
		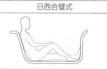
有足够深度，可屈膝坐在里面，供喜欢水没到肩部的人使用。适合放在较小的浴室 宽：800～1200mm 深：450～650mm	入浴时可仰卧在又浅又长的浴缸内。浴室面积要足够大 宽：1400～1600mm 深：400～450mm	可躺在浅长浴缸里的日式与西式结合型。水可没肩，身体亦能适度伸展。该类型系近期的主流 宽：1100～1600mm 深：600mm左右

表2 | 根据材料划分的浴缸种类

材质	特点
人造大理石	以合成树脂等为原料、表面类似大理石的材料，具有保温性强和耐久性好的特点。有聚酯树脂类和丙烯酸树脂类，丙烯酸树脂类材料价格高，但不易划伤。而且，因其触感舒适、有豪华感和容易清理，故颇受欢迎
FRP	一种柔软而又温润的树脂材料，具有良好的保温性和防水性；手感好，色彩丰富，易与其他建材搭配。但易产生污渍和划痕。价格适中，属于轻质材料
不锈钢	特点是，不易产生污渍和划痕，保温性强和耐久性好。有的产品通过着色和造型处理，使其金属特有的触感被弱化。价格也比较划算
铸铁珐琅	分为铜板基底和铸铁基底两种。特点是，保温性和耐久性都较好，触感也不错。色彩丰富，易与其他建材搭配，表面硬度高，便于保养。只是铸铁较重，施工费事，但重量也使其显得稳定而牢固
木质	以扁柏、丝柏、樱等耐水性强的木材制成。日常需要进行养护，否则会出现龟裂之类的麻烦。为克服这样的缺点，市场上又出现一种保留着木质感、但经特殊处理的木制浴槽

照片1 | 木制浴槽

高野槙木制成的浴槽。虽扁柏制木浴槽最为有名，但高野槙木因具有很强的耐水性，更适于制作浴槽

照片提供：神崎屋

照片2 | 漩涡浴缸

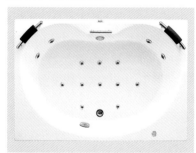

由丙烯酸树脂制成、具有漩涡功能的高级浴缸（Artis "ARW1611JBL"型）。可让浴缸自身振动，并带播放音乐的音响装置

照片提供：AVELCO

073

浴室和洗漱间的
水龙头金属配件

照片提供：株式会社 LIXIL

Point 可用的进口产品日益增多，进一步拓展了设计的空间
应注意水龙头金属配件与其周边的关系

浴室的水龙头金属配件

现在的热水器多具有自动加热功能，安装浴缸专用水龙头金属配件的例子已很少见。如今使用的淋浴水龙头，大多数具有调温器。调温器的作用在于，可自动调节热水的混合量，始终保持设定的水温。在设计上，往往采用双手柄水龙头金属配件。因此，事先应仔细了解产品样本中的相关信息。

此外，淋浴器水龙头本身也具有多种功能。如改变花洒喷水状态的功能、节水功能、净水功能、水压调节功能，以及发生微泡的功能等。如果更换淋浴的花洒，功能还会进一步增加。目前比较受欢迎的淋浴方式，除带自由调节高度的滑动杆及发生负离子的喷雾淋浴外，还有热水像瀑布那样从头顶上方倾

泻而下的泼雨淋浴【照片1】。泼雨淋浴的淋浴头不仅比之前的手持花洒大，而且采用固定方式。因此，应注意其与出入口的位置关系，不要妨碍门的开闭。

洗漱间的水龙头金属配件

洗漱台大多采用混合水龙头。而且，比浴室更加凸显出那种设有两个手柄的传统形式【照片2】。选择时，要考虑到与面盆的风格是否协调。另外，洗漱间的水龙头，最好能注意到出水口的位置。曾见过因水龙头头部太短或太低而无法与面盆适配的例子，因此要仔细查看厂家提供的核准图。尤其现在更要注意，常会见到的那种将面盆架在台面上的所谓船式洗漱台，如果对水龙头高度考虑不周，必将造成洗漱间无法使用。

照片 1 | 多功能淋浴器（可切换水流状态的淋浴器）

墙壁固定型（花洒 [HG28411]/CERA）

手持型 (Chroma100[HG28536]/CERA)

照片 2 | 洗漱台上的混合水龙头

面盆与混合水龙头 (Elsa 热水混合水龙头 HR54260S-PB/CERA)

（照片 1・2 提供：SERATORE DEINGU 株式会社）

Pick! UP. 现场的各种说法

从国外进口的水龙头金属配件

最近，市场上进口的水龙头金属配件越来越多，其精良的设计和繁多的种类使人目不暇接。而且，既有高级品，也有廉价品，各种价位齐备，可供选择的范围很广。不过，也有些值得注意的地方。譬如，凡未经社团法人日本水道协会认证的商品，不能使用。只要商品上贴有"JWWA"标识，便是认证品，可放心使用。未取得认证的商品，有的系因其不适合日本的水质标准。其次，还有水压的问题。通常情况下，由于欧洲的水压比日本高，因此其制造的水龙头金属配件均设有一定阻尼。假如不能确保必要的水压，出水水流无力，或者不能依靠水压发挥其功能，会造成使用上的不便。而且，不仅对水龙头金属配件本身，在选择进口产品时，尚应明确其售后体制的相关标准。否则，万一损坏时因其售后体制不完善而得不到保修，将给业主带来很大麻烦。特别要注意，水龙头金属配件的故障，会直接影响日常生活。

074

厕所设备

照片提供：株式会社 LIXIL

Point 选择便器时应考虑所需的功能和房间的大小
整体小型化的便器越来越多

选择西式坐便器的要点

如果要采用西式坐便器，应该对厕所的空间大小、家人使用是否方便、家庭成员身材及体量、节水效果、经济性等各种因素进行综合考虑，在此基础上选择功能和外观均很满意的坐便器及洗手盆。最近，出现一种采用无水箱设计的坐便器，比普通坐便器的进深要小140mm。即使厕所的空间不够宽敞，也不会让人感到局促【照片】。

照片 | 无水箱坐便器

LIXIL SATIS 型冲洗水不从坐便器底部的反水弯进入，100% 自上泻下的强力冲洗方式。每次彻底冲净便池后排出的水不过 4L，其节水效果由此可见一斑。此外，其所具有的除菌效果和便于清洗的特点更是攒足了人气

照片提供：株式会社 LIXIL

另外，坐便器自身也具有相当多的功能。对于个人来说，或许认为只要能够冲洗、干燥、脱臭，以及放上柔软的暖坐垫就很满意了。然而除此之外，还有一些功能可供选择。诸如，当人一站在坐便器前，坐便盖便自动打开，并开始播放乐曲，或者与室内辅助供暖设施联动等。毋庸置疑，这对于有需要的人来说都是些求之不得的功能，设计者应将预算包括在内，就坐便器功能的选择问题充分征询业主的意见。

注意水压问题

如要选择无水箱坐便器，必须注意现场的水压。一旦因现场水压过低而造成坐便器无法使用，往往须另购可选配件。因此，对水压的确认不容忽视。

无水箱坐便器因不带洗手装置，故须另设洗手盆。这样一来，不仅要考虑到空间是否够用，而且还要考虑是否妨碍门扇的开合。

规划方案

075

规划基础

设计：STUDIO KAZ 照片：山本 MARIKO

Point 为适应家庭成员亲密度的不同，制定的规划方案应加入环境要素 围绕行为所要求的基本功能构筑空间

建筑模式语言

克里斯托弗·亚历山大于1977年所写的《建筑模式语言》，已逐渐成为人们熟知的建筑学参考书。该书指出，无论办公室还是住宅，在总体布局上，其亲密度均自入口处开始逐渐增强【图】。也就是说，实际的住宅平面设计，多呈门厅→共用空间→厨房→专用庭院→卧室（个人房间）这样由远至近的格局。

然而，在日本，尤其是城市里，并不能够完全套用这一理论。在住宅一层部分得不到充分日照的情况下，有时也会将家庭成员聚集的起居室设在远离门厅的二层。经常有客人来访的家庭，仔细规划自门厅开始的动线十分重要。不同家庭的生活形态及交往方式等，都可能存在较大差异。因此，设计者只有听取来自各方面的意见，才能制定出最合理的规划方案。

另外，最近的流行趋势是，将起居室、餐厅、厨房等多种功能加以整合，使之构成一室空间。这样一来，诸如"卧室"和"餐厅"之类的房间名称所包含的意义就显得十分模糊，不过是作为某种行为的场所而加以规划。

由行为到空间

各种行为，分别对防水性、防污性、耐火性、换气性等基本性能有着不同的要求。一个与业主家庭及其成员的生活形态相适应的规划方案，必须围绕这些功能制定，其中的重点包括各区间的距离、分割方法、连接方法、移动手段等空间构成的方式，以及装饰材料、家具、照明等空间要素的选择，如系写字楼和店铺，还要考虑不特定多数人的动线问题，规划方案更加复杂些。

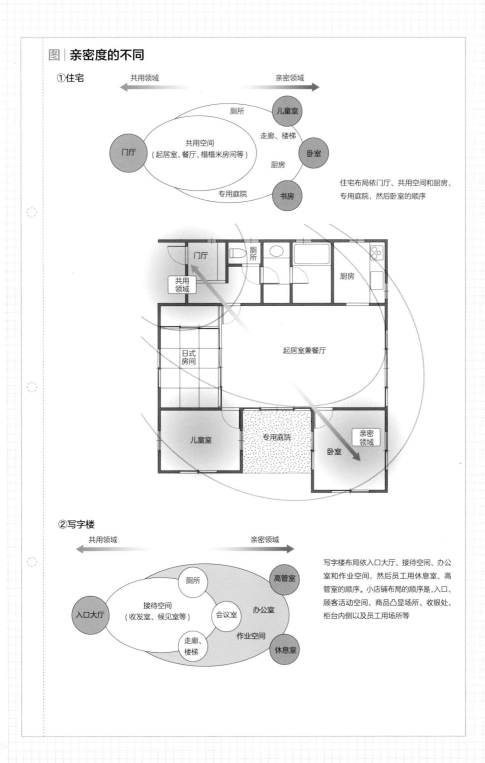

图 | 亲密度的不同

① 住宅

共用领域 ← → 亲密领域

儿童室

厕所

走廊、楼梯

门厅

共用空间
（起居室、餐厅、榻榻米房间等）

卧室

厨房

专用庭院

书房

住宅布局依门厅、共用空间和厨房、专用庭院，然后卧室的顺序

门厅

厕所

共用领域

厨房

日式房间

起居室兼餐厅

儿童室

专用庭院

卧室

亲密领域

② 写字楼

共用领域 ← → 亲密领域

厕所

高管室

入口大厅

接待空间
（收发室、候见室等）

会议室

办公室

走廊、楼梯

作业空间

休息室

写字楼布局依入口大厅、接待空间、办公室和作业空间，然后员工用休息室、高管室的顺序。小店铺布局的顺序是，入口、顾客活动空间、商品凸显场所、收银处、柜台内侧以及员工用场所等

076

门厅周围

设计：STUDIO KAZ
照片：山本 MARIKO

 Point 门厅系住宅中最具公共性的空间
门厅是相互问候的场所，保持整洁很重要

将门厅当做第一客厅的理念

回家时，门厅是最先进入的空间；外出时，门厅又是最后通过的空间。因此，可将其看成亲密度最低、具有公共性质的场所。而且，这里也是用来换拖鞋或穿鞋子的空间。有鉴于此，不妨将其当做第一客厅。

入口的门框，也算一种"辟邪物"，多使用比较昂贵的材料。以此说明，凡能进入者，必已达到一定"资格"。在国外穿鞋入室时，站在门厅处总觉得心情不畅，说不定就是这样的原因所致。

老式的住宅，大都辟有一个宽敞的土地面房间，也是劳作的场所。如今它所代表的意义，只是一个"可穿鞋进入的地方"，因此日语中还有"土间"一词留存下来。

综上所述，门厅是个连接内外双方领域的共有部分。

相互问候的场所

很多人都将门厅看成住宅的脸面，并且是相互问候的场所【图1】。实际上，在日本的老式住宅中，常会见到将门厅和客厅造得很华丽，但供家人使用的房间却十分素朴的例子。到了现代，已很少采取如此极端的住宅建造方式。不过，门厅仍然保持着整洁的形象，人们总想使其成为一个可用绘画和鲜花装点的空间。为达到这样的效果，通过在入口门朝向，以及平面布置等方面想些办法，从门厅处便无法看清住宅内的全貌【图2、3】。假如面积比较宽裕，亦可将"第一客厅"的含义扩展为"入口大厅"，或者成为可穿鞋进入的入口大厅与客厅之间的过渡空间，与生活区分隔开来。

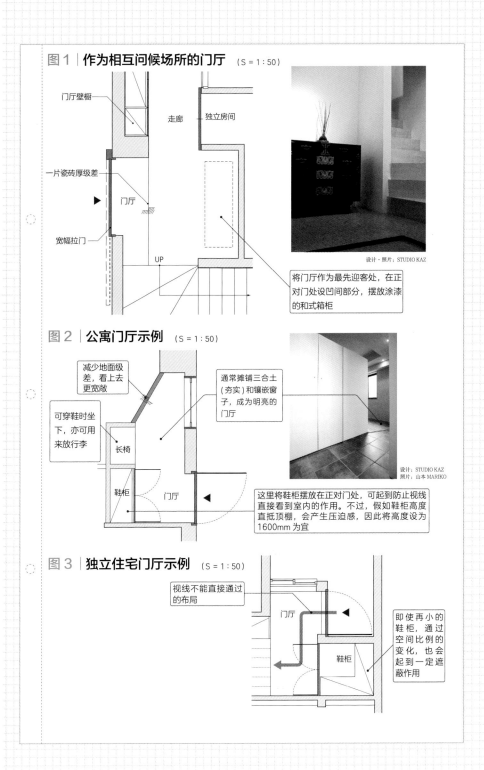

图1 | 作为相互问候场所的门厅 (S = 1:50)

门厅壁橱

走廊

独立房间

一片瓷砖厚级差

门厅

宽幅拉门

UP

设计·照片：STUDIO KAZ

将门厅作为最先迎客处，在正对门处设凹间部分，摆放涂漆的和式箱柜

图2 | 公寓门厅示例 (S = 1:50)

减少地面级差，看上去更宽敞

通常摊铺三合土(夯实)和镶嵌窗子，成为明亮的门厅

可穿鞋时坐下，亦可用来放行李

长椅

鞋柜

门厅

设计：STUDIO KAZ
照片：山本 MARIKO

这里将鞋柜摆放在正对门处，可起到防止视线直接看到室内的作用。不过，假如鞋柜高度直抵顶棚，会产生压迫感，因此将高度设为1600mm 为宜

图3 | 独立住宅门厅示例 (S = 1:50)

视线不能直接通过的布局

门厅

鞋柜

即使再小的鞋柜，通过空间比例的变化，也会起到一定遮蔽作用

077

厨房
——烹饪的场所

设计·照片：STUDIO KAZ

Point 厨房正在由单纯的烹饪场所逐渐演变成交流空间
厨房是住宅里涵盖家庭要素最多的地方

通往住宅的核心区域

从很早开始，厨房大多被配置在住宅北侧背阴的地方。之所以如此，一个显而易见的原因是，过去没有现在这样发达的冷藏保存系统，厨房是作为长期保存食物的手段和搬运食物的通道。然而，如今的住宅平面布置，以厨房为中心进行规划的占了大多数。这就意味着，厨房已不再是单纯用来保存食品和烹饪菜肴的场所，正逐渐演变成供家庭成员交流的空间。

不同的家庭，其成员间的交流方式，以及思考方法亦迥异。而且，家庭形态也是产生这种差异的原因。也可以说，将来厨房规划的重点，就在于如何构建出交流的空间【图】。

如今，每天都可以从超市买来新鲜的食材，便利店更是随处可见，大型冰箱似已变得可有可无。而且，还可以购

入各种各样的配菜，一个不做饭的人，厨房里只要有台微波炉就可以。不过，在每个家庭成员都须为自己的事情忙碌奔波的情况下，不可能每天都去超市购物，因此还需要有台大型冰箱。从这点看，厨房存在的意义，对于不同家庭来说也不一样。由此可见，厨房设计的意义已不在于饮食生活，而是要设计一种生活方式。

厨房所包含的要素

在住宅中，厨房是融入家庭要素最多的地方。其配置的给排水、燃气、电气、给排气等基础设施，均须具有耐水、耐火、耐污染及耐酸等性能，并且要求其内装材料亦应具有类似的性能【表】。因此，设计者应该掌握多种知识，如系统厨房（整体厨房）、瓷砖、玻璃，以及新近出现的厨房面板之类。

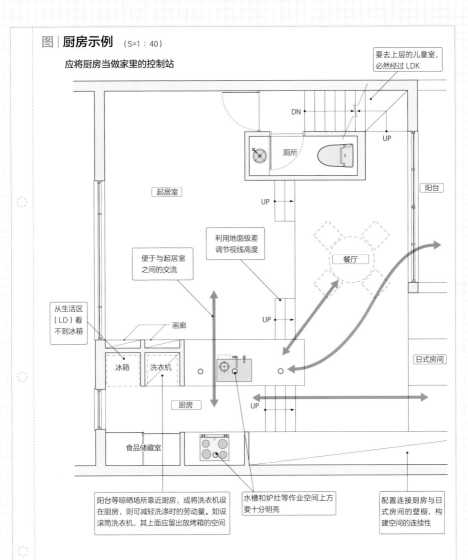

图 | 厨房示例 （S=1：40）

应将厨房当做家里的控制站

要去上层的儿童室，
必然经过 LDK

DN

UP

厕所

起居室

阳台

UP

利用地面级差
调节视线高度

便于与起居室
之间的交流

餐厅

从生活区
（LD）看
不到冰箱

画廊

UP

冰箱

洗衣机

日式房间

厨房

UP

食品储藏室

阳台等晾晒场所靠近厨房，或将洗衣机设
在厨房，则可减轻洗涤时的劳动量。如设
滚筒洗衣机，其上面应留出放烤箱的空间

水槽和炉灶等作业空间上方
要十分明亮

配置连接厨房与日
式房间的壁橱，构
建空间的连续性

表 | 厨房应具备的基本功能

地面	耐水性、防污性、耐药性、便于清扫性
墙壁	耐水性、防污性、防锈性、不可燃性
顶棚	耐水性、防污性、防锈性、不可燃性
照明	水槽、炉灶和作业空间要十分明亮
设备	电气（100V、200V）、燃气、水管（给排水）、HA、TEL、LAN

167

078

餐厅
——吃饭的场所

设计：STUDIO KAZ　照片：Nac ā sa & Partners

明确餐厅的空间定位
平面布置要考虑到厨房与餐厅的关联

餐厅空间的布置

　　一般的平面布置，进餐空间与厨房相连。这样，在厨房做好的饭菜，就可直接送到餐厅。日本标准公团住宅的原型 51C 型（1951 年）是最早将餐厅与厨房设在同一空间的。从此以后，人们逐渐习惯了那种一到吃饭时间便可看到厨房的生活方式。可是，直至今日，这仍然不完全适用于正规的场所。有的住宅，甚至另外设置与家人分开的客人专用餐厅。类似这样的进餐空间，实际上也成了社交及商务场所，在装饰材料的选择和处理上越发讲究。这不只是个豪华的问题，还应该成为设计过程中始终不渝坚持的基本目标。

餐厅空间的多功能化

　　另外，很多普通家庭的餐厅，近来也被当成家庭成员及友人之间进行交流的重要场所，除进餐外，还具备其他一些功能，诸如孩子们学习的场所、计算家庭收支账的场所、夫妇俩对酌的场所等。与其说是生活空间，不如说更富休闲色彩。另外，早晚进餐的地点并不固定，每个家庭成员也不可能总在同一时间吃早餐，有时会急匆匆地在厨房附设的吧台旁吃上几口了事。最近的厨房，主要采用大进深的全平式台面，越来越多的厨房都将操作台面兼作吧台使用。

　　这样一来，餐厅的空间要素，更进一步体现出与厨房及起居室的关系【图】，因此，也许应该重新对餐厅进行定位。

图｜餐厅示例 (S=1：60)

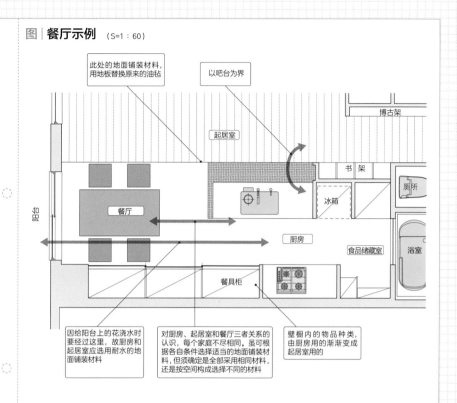

此处的地面铺装材料，用地板替换原来的油毡

以吧台为界

博古架

起居室

书 架

厕所

冰箱

阳台

餐厅

厨房

食品储藏室

浴室

餐具柜

因给阳台上的花浇水时要经过这里，故厨房和起居室应选用耐水的地面铺装材料

对厨房、起居室和餐厅三者关系的认识，每个家庭不尽相同。虽可根据各自条件选择适当的地面铺装材料，但须确定是全部采用相同材料，还是按空间构成选择不同的材料

壁橱内的物品种类，由厨房用的渐渐变成起居室用的

第6章

规划方案

Pick! UP.

现场的各种说法

竟然是使用不便的吧台

本文准备说说关于厨房吧台的问题。如今，一般分售公寓的平面布置，厨房中几乎都设有吧台。可是，竟然以使用不便的吧台居多。在半开放式厨房中，普遍将吧台高度设为 110 ~ 120cm。最后因无法使用，只好请人将吧台下面改成柜橱。在考虑如何改造厨房时，差不多所有人都想拆掉这个吧台。

使用方便的吧台示例

设计：STUDIO KAZ　照片：坂本阡弘

169

079

起居空间

设计：STUDIO KAZ 照片：垂见孔士

Point 起居空间作为家庭成员的共有领域，设计上要做到使人愿意待在那里
电视机位置选择不当是否成为麻烦的原因？

起居空间的定位

没有什么场所会像起居空间那样功能模糊。可以在这里看电视、玩游戏、谈话、吃东西（零食）、做作业、修理高尔夫球杆、品茶、饮酒等，做各种各样的事情。其实，在其他场所也完全可以做这些事。但凡狭小的住宅，往往都将起居室兼作餐厅使用。一旦在布局上考虑不周，这里就很有可能成了家人来回走动的场所。尽管厨房近来有取代起居室之势，但是作为家庭成员的共有领域，还应将起居室定位为住宅的中心【照片】。并且，在设计上采取一些办法，使人愿意待在那里。不过，在平面布置上要设法做到：家人的来去不一定要从起居室中间穿过。尽可能做与日常生活动线衔接的布置，使起居室四周保持开放形态【图1】。

注意电视机的摆放位置

起居室里摆放着电视机，这是家人愿意留在那里的最一般的理由。因此，在布局上要格外注意人与电视机的相对位置关系【图2】。假如日常生活动线刚好位于二者之间，每次有人经过这里都会遮断投向电视机的视线，让人感到扫兴，次数多了就可能引起争吵。关于沙发种类的选择及其摆放的方式，同样要仔细斟酌。沙发这种东西，在商店里看到的样子与其实际情形差距很大。不仅要量进深，还应仔细查看座面和靠背的高度，以及弹簧的硬度等。为吸引人停留在起居室而特意购置的家具，如果坐上去感到不舒服，就失去它的意义。

关于起居室，还要注意以下问题：地毯、沙发和桌子的大小及其摆放位置，各种家具以及室内饰件的布置等。另外，作为多功能场所，其中的照明设计更要完善。可以设定几个场景，使照明效果富于变化。

照片│起居室

设计：STUDIO KAZ　照片：Nac à sa & Partners

图1│起居室平面布置

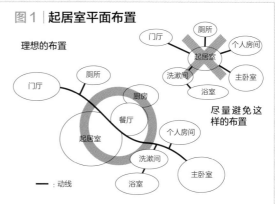

理想的布置

门厅　厕所

厨房

餐厅

起居室

洗漱间

浴室

门厅　厕所　个人房间

起居室

洗漱间　主卧室

浴室

尽量避免这样的布置

个人房间

洗漱间

浴室　主卧室

———：动线

图2│起居室示例 （S=1：40）

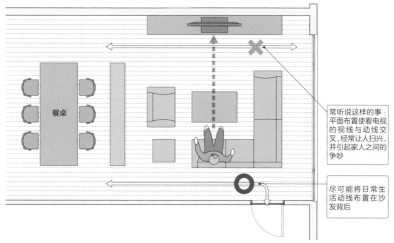

餐桌

常听说这样的事：平面布置使看电视的视线与动线交叉，经常让人扫兴，并引起家人之间的争吵

尽可能将日常生活动线布置在沙发背后

Pick! UP.　现场的各种说法

正规客厅、家庭起居室、多个起居空间

与餐厅一样，起居空间也分为正规客厅和家庭起居室。那客人较多的家庭该怎么办呢？

如只将起居空间当做休憩的场所，不必单设一个固定的地方。在走廊过道、卧室角落、餐厅及厨房的朝阳之处等，摆上一把舒适的椅子和小桌子，均可用来看书和听音乐什么的。而且，也没必要特意用墙或门作为间壁，心理上的屏障会让人感到更加惬意。

171

080

洗漱间更衣室

设计：STUDIO KAZ 照片：山本 MARIKO

Point 为满足不同行为要求，务必事先征询业主的意见
测出多个动作空间，确保其中最大者

可满足连续行为要求的空间

尽管称其为洗漱间更衣室，但是也具有洗漱间、盥洗室、更衣室、化妆室等多种功能。通常，这个房间被定义为浴室的前室。虽是入浴时用来脱衣服的地方，但洗衣机摆放在何处，亦因家庭而异：既有单独设置的，也有放在厨房里的。即使作为化妆室，在将洗过的头发吹干后，不一定接着化妆，也可能回到自己房间去。剃须也是一样，有人在洗漱间，也有人在浴室。总之，洗漱间更衣室是个可能连续发生多个不同行为的空间，而且各个家庭在使用方式上也存在细微的差别。有鉴于此，事前征询业主意见就显得十分重要【图1、2】。

至于空间的大小，则应确保其脱衣时四肢得以伸展。并且，还要注意毛巾架之类的墙面突出物是否碍事。

为了洗漱方便，应确保上体前弯时所需的空间，还要留出一定空间收纳洗脸盆、混合水龙头、镜子、药箱、毛巾架、浴巾等。此外，待洗或洗好的衣物放置在哪里，也要事先考虑到。

最近的流行趋势

最近，像欧美家庭那样将厕所与洗漱间更衣室设在一起的例子越来越多。比起单设厕所来，这样做固然提高了空间利用率，但前提是，必须还有其他厕所可用。在欧美家庭中，每间卧室都单独配置供淋浴、如厕和洗漱的空间。而且，不少家庭的浴室隔断都采用透明玻璃构筑。对于洗漱间更衣室来说，在设计上应设法使其显得宽敞些。而且，家庭成员也要达成一致意见。假如能做到浴室与地面、墙壁和顶棚的装修风格统一，那效果会更好。

图1 | 洗漱间更衣室（设淋浴位）和浴室示例 （S=1：50）

玻璃隔断

浴缸

淋浴位

毛巾架

洗漱台

洗衣机
和
干燥机

收纳毛巾
类物品的
空间

PS

像这样，浴室里没有冲洗区域、而另设淋浴间时，洗漱间更衣室的地面铺装材料则没有任何限制。此例中用的是硅藻地面材

图2 | 洗漱间更衣室（设厕所）和浴室示例 （S=1：50）

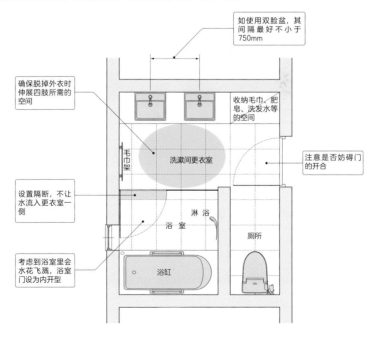

如使用双脸盆，其间隔最好不小于750mm

确保脱掉外衣时伸展四肢所需的空间

收纳毛巾、肥皂、洗发水等的空间

毛巾架

洗漱间更衣室

注意是否妨碍门的开合

设置隔断，不让水流入更衣室一侧

淋浴

浴室

厕所

考虑到浴室里会水花飞溅，浴室门设为内开型

浴缸

第 6 章

规划方案

173

081

淋浴间
——沐浴的场所

设计：STUDIO KAZ　照片：山本 MARIKO

Point 沐浴不是单纯的行为，还具有多重意义
分别采用传统方式或整体浴室

想想沐浴的意义

沐浴是具有多重性的行为，包括洗身子、洗头发、温暖身体、放松精神、舒展四肢等。总而言之，人们越来越看重这一点：浴室可成为以较短时间消除一天疲惫的场所。至于浴室空间如何布局，则取决于入浴过程中侧重于什么。必须考虑以下问题：是选择大浴缸还是选择大冲洗场？照明方面有何特殊要求？

最近，淋浴的种类也花样翻新，譬如，正在流行的带按摩功能的花洒和泼雨式花洒等。

传统方式与整体浴室

浴室的类型，基本分为传统方式和整体浴室两种【照片1、照片2】。防水是浴室的关键，传统方式的浴室，施工时在现场铺设防水层。因此，其空间形态、装饰材料、开口部等均可自由设定。反之，整体浴室的防水盘在工厂制作，自由度要小得多。不过，也有一种半单位的整体浴室，在工厂里完成的部分仅及浴缸高度，再往上去则可自由设置。

与整体浴室相比，传统浴室的全部重量要大得多，也使建筑结构的负荷加重。在防水性能方面，也是整体浴室更好些。因此，假如要将浴室设在集合住宅内或建筑的二层以上部分，单从技术角度讲，采用整体浴室是比较明智的做法。最近，整体浴室的种类越来越多，可供选择的范围变得更广。不过，也见到了因受各种因素的制约而不尽如人意的例子。这时，则应考虑采用专门订做的防水盘，哪怕价格高一些。至于浴缸、装饰材料、开口部等在设置上的自由度，与传统方式的差别不大。

照片1 | 传统方式的浴室

传统方式的浴室，无论装饰材料和空间形态均可自由设计。而且，每种功能都无须由指定厂家完成。照片中的摆放式浴缸，因可营造出特殊氛围，颇受欢迎。也有厂家接受专用防水盘订单，从而使整体浴室的可靠性与传统方式的自由度能够结合在一起。照片：Idea tone/ 株式会社 LIXIL

照片提供：株式会社 LIXIL

照片2 | 整体浴室

整体浴室虽由厂家提供的装饰材料等组合而成，但与过去相比，其选择范围变得更广。浴室墙面装饰几乎都使用饰面板（近来像照片中那样印有木纹的饰面板更受欢迎），有的厂家也在部分墙面上贴瓷砖，以此渲染出类似传统浴室的氛围。照片：Kireiyu/ 株式会社 LIXIL

照片提供：株式会社 LIXIL

082

厕所

设计：STUDIO KAZ
照片：垂见孔士

Point 必须经常保持清洁状态
在确保最低限度功能的前提下自由构建

房屋内最小的空间

厕所是房屋内最小的空间，每天停留的时间也最短，因此不必对其舒适性提出特别高的要求。不过，偶尔见到细小处清扫不彻底的厕所，尽管其余部分很干净，但整体上给人的印象却大打折扣。餐饮店也是如此，虽然不一定很豪华，但一家厕所设计马马虎虎的店，哪怕烹制的菜肴再美味，食客也不想光顾。

在这个很小的空间里，包括以下要素：坐便器（＋遥控装置）、纸卷器、毛巾架、洗手盆、洗手盆台面、橱柜、换气、照明。应该将这些要素进行适当的组合。

住宅与店铺的厕所构建方式不同

笼统地讲，均须保持厕所空间的清洁状态。为此，构建厕所时，应选择那些很少附着污渍、容易清理的材料。如果是店铺，有时女性客人可能需要补妆，要确保足够的空间和设置化妆用台面。此外，也有必要做些适当的渲染。假如在厕所的设计上敷衍了事，即使店内的装潢再好，也会让客人扫兴。

住宅也是如此，只要是专为来客配置的正规卫生间，便不能脱离上面的原则。即使达不到店铺的标准，也要像正规场所那样，尽量将档次提高一些【图1】。

相对而言，平时用的厕所则可以做简单的设计【图2】。但要具有最低限度的功能，确保里面的声响和气味不会传到外面去。过去的厕所多是独立的空间，近来往往将其设在洗漱间更衣室内。这种场合，并未彻底敞开，中间隔着一扇透明玻璃。尽管做了物理上的分割，却仍然是个开放的空间。

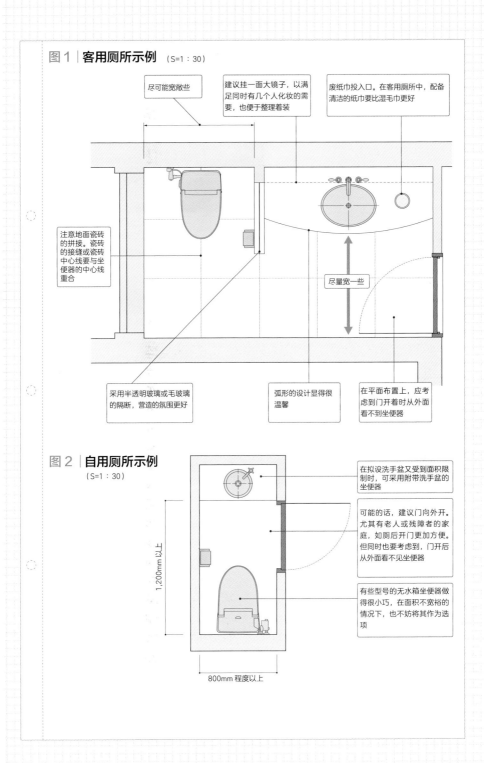

图1 客用厕所示例 (S=1：30)

尽可能宽敞些

建议挂一面大镜子，以满足同时有几个人化妆的需要，也便于整理着装

废纸巾投入口。在客用厕所中，配备清洁的纸巾要比湿毛巾更好

注意地面瓷砖的拼接。瓷砖的接缝或瓷砖中心线要与坐便器的中心线重合

尽量宽一些

采用半透明玻璃或毛玻璃的隔断，营造的氛围更好

弧形的设计显得很温馨

在平面布置上，应考虑到门开着时从外面看不到坐便器

图2 自用厕所示例
(S=1：30)

1,200mm 以上

800mm 程度以上

在拟设洗手盆又受到面积限制时，可采用附带洗手盆的坐便器

可能的话，建议门向外开。尤其有老人或残障者的家庭，如厕后开门更加方便。但同时也要考虑到，门开后从外面看不见坐便器

有些型号的无水箱坐便器做得很小巧，在面积不宽裕的情况下，也不妨将其作为选项

177

083

卧室

设计：STUDIO KAZ 照片：Nac ô sa & Partners

Point 卧室并非只是用来睡觉的空间
了解各种助眠行为

布置成舒适的睡觉房间

卧室是住宅内亲密度最高的场所。假如只用来睡觉，有个摆张床的空间就够了。然而，要使睡眠能够进入理想状态，其前后的行为也很重要【图1】。当卧室中发生这些行为的时候，各种要素是交织在一起的。比如女主人要化妆，便得有个梳妆台以及可做梳妆打扮动作的空间；与此同时，还必须考虑到男主人的需要。再比如看电视的场合，无论如何也不能将梳妆台的位置设在男主人与电视机之间。

在卧室内，为消除紧张情绪、顺利入睡而做的各种动作（助眠行为），比睡眠本身更为重要，房间的布置和摆设要有利于这种助眠行为。因此，卧室不再是"BED ROOM"——摆张床的房间，而是"SLEEPING ROOM"——舒适的睡觉房间【图2】。

进入良好睡眠状态

一提到卧室，很多人还是简单地将其看成睡觉的地方。然而，卧室恰恰是值得我们去认真规划的场所，尤其包括材料在内的色彩设计和照明设计，更要仔细斟酌。避免使用兴奋色和反射声音大的材料。照明设计要考虑色温和照度，设定的场景具助眠作用，注意照明灯具的辉度等。良好的睡眠，直接关系到身心健康和日常生活。

在公寓中，很多家庭都将与起居室相连的日式房间作为夫妇的卧室。为了收纳叠好的被褥，自然需要有个壁橱。甚至，将被褥铺在家人吃饭的房间里睡觉也算不上极端的做法。一房多用自古以来就是日本人的家居理念。能够充分利用有效的空间，正是日本人引以为豪之处。

图1 | 各种各样的助眠行为

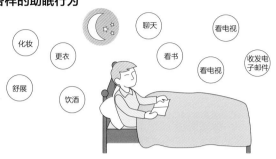

化妆　聊天　看电视　更衣　看书　舒展　饮酒　看电视　收发电子邮件

图2 | 卧室示例 (S=1：80)

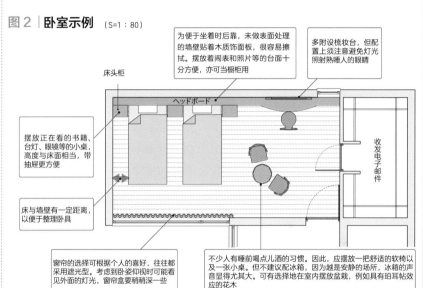

为便于坐着时后靠，未做表面处理的墙壁贴着木质饰面板，很容易擦拭。摆放着闹表和照片等的台面十分方便，亦可当橱柜用

多附设梳妆台，但配置上须注意避免灯光照射熟睡人的眼睛

床头柜

ヘッドボード

摆放正在看的书籍、台灯、眼镜等的小桌，高度与床面相当，带抽屉更方便

床与墙壁有一定距离，以便于整理卧具

窗帘的选择可根据个人的喜好，往往都采用遮光型。考虑到卧姿仰视时可能看见外面的灯光，窗帘盒要稍稍深一些

不少人有睡前喝点儿酒的习惯。因此，应摆放一把舒适的软椅以及一张小桌。但不建议配冰箱，因为越是安静的场所，冰箱的声音显得尤其大。可有选择地在室内摆放盆栽，例如具有珀吕帖效应的花木

收发电子邮件

Pick! UP.　现场的各种说法

值得注意的是声响和亮度

在僻静的地方长大的人，初到城市往往会因烦躁而失眠。反之，在喧闹的环境里待久了，亦因过于安静而难以入睡。亮度也是如此，存在着个体差异。难办的是，像这样的夫妇二人，又不得不同居一室。

虽然可采用戴耳机和眼罩的方法，但还是要尽量避免出现这种情形。

建议明确划分室内各区域的功能，照明设计及其配置的灯具，只精准地照亮很小范围。

084

儿童室
——孩子们的领地

设计：KAIE + STUDIO KAZ　照片：山本 MARIKO

Point　要考虑到空间可根据孩子的成长状况而改变
无须将所有行为因素都纳入房间中去

并非总是孩子

儿童室的设计不仅要反映父母的想法，亦应体现出时代风貌，不要故步自封、自以为是。那些紧跟时代潮流的电影和电视剧中的情节，也具有一定的参考价值，可将自己的设计与之对照，看看效果如何。当然，父母的想法也包含着类似的时代精神。

最大的难题在于，对于长大后指不定什么时候离开家的孩子来说，究竟要不要送给他一套房子。尽管存在赞同与反对两种意见，但采取将房子借给孩子的办法似乎更好些。如果基于这样的想法，室内设计应坚持一个原则：将来可随时处理，容易转作他用。而且，并非一定要设儿童室。有些家庭认为，给孩子辟出一个专门的角落就行了。当然，这些均须与业主充分协商，设计上还应考虑到孩子的性别、年龄大小等情况。

房间布置到何种程度

一般的平面布置，儿童室紧邻父母卧室的情况最为常见。不过，从培养孩子自立能力方面着想，儿童室与父母卧室之间要多少离开些，最好将其安排在家庭生活中白昼与夜晚两个领域的交汇处。

另外，也不能将孩子们的全部生活都放在房间内。房间内的布置，仅限于床、橱柜和书架之类，可将部分学习空间安排在其他位置。这是笔者自家的设计：在两个孩子的房间与父母卧室之间设了一个学习室【图、照片】。从楼梯上去的正面，就是学习室的位置。这里不仅成了第二起居室，而且还具有家人相互交流感情的场所功能。

与房间的大小、形状以及是否带阁楼相比，创造密切亲情关系的环境更加重要。

180

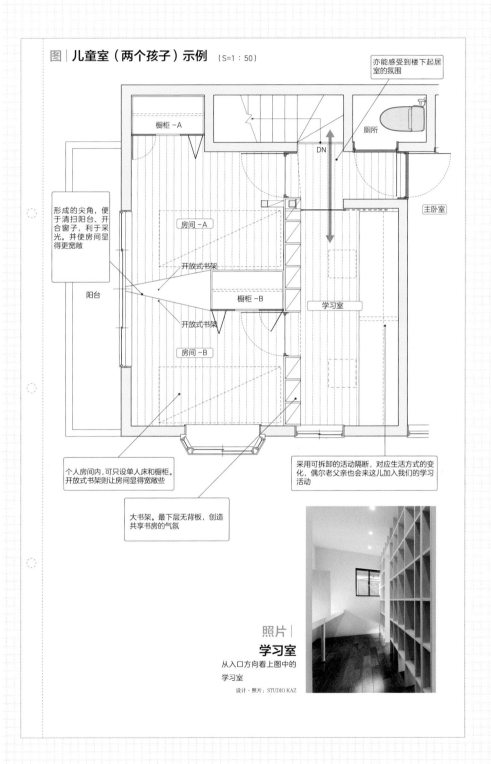

图 | **儿童室（两个孩子）示例** （S=1：50）

亦能感受到楼下起居室的氛围

橱柜 -A

厕所

DN

形成的尖角，便于清扫阳台、开合窗子，利于采光。并使房间显得更宽敞

房间 -A

主卧室

开放式书架

橱柜 -B

学习室

阳台

开放式书架

房间 -B

个人房间内，可只设单人床和橱柜。开放式书架则让房间显得宽敞些

采用可拆卸的活动隔断，对应生活方式的变化，偶尔老父亲也会来这儿加入我们的学习活动

大书架。最下层无背板，创造共享书房的气氛

照片 |
学习室
从入口方向看上图中的
学习室

设计·照片：STUDIO KAZ

181

085

日式房间

设计：STUDIO KAZ 照片：山本 MARIKO

Point 研讨设置日式房间的必要性
设计中不能忽略视线水平

怀念榻榻米

第二次世界大战后，日本人真正转变成座椅式的生活。显而易见，平时采取坐在椅子上工作的方式，会使身体的负担轻得多。因此可以说，从生活角度看，已完全没有再安排日式房间的必要。尽管如此，还是有很多人要布置日式房间。日式房间本是日本人的一种历史传承，只有置身其中，才容易想象日本人的举止仪态应该是什么样子【图1】。遗憾的是，在现实生活中，能够充分利用这种日式房间的家庭已不多见了。

座椅式与榻榻米式的最大不同，就在于坐姿。亦即，在视线水平上产生高低差：在日式房间紧邻餐厅的情况下（多见于分售公寓），高度仅为700mm的椅子和桌子，对于坐在榻榻米上的人来说，就像一堵墙那样矗立在眼前。

因此，有必要充分研讨如何消除椅子与榻榻米之间的视线水平差。

让日式房间融入现代生活

假如房间面积有富裕，这应该不是什么问题，只要布置在稍远一点的地方就可以了。不过，假如面积并不宽裕，构筑空间时便不可忽略视线水平差的问题。其中一个办法是，抬高榻榻米平面，使其与椅子的座面高（约400mm）一致【图2】。而且作为衍生的功能，榻榻米下面腾出的空间还可作收纳之用。因为直接坐在榻榻米上，所以即使顶棚低一些也不会注意到。至于拉门和格架的设计，也同样要注意视线问题。榻榻米地面抬高400mm左右的日式房间，在陈设和装饰上也很容易与座椅式空间搭配。

另外，一想到古代的房屋就了解到生活在日式房间中的情形：室内的摆设少得可怜。说到收纳物品之多，当然比不上西式房间，何况，在现代的生活中，也很难将屋里的东西减少到日式房间那样的程度。鉴于此，构筑日式房间的要点就在于，或者下决心丢掉一些东西，或者能制定出很好的收纳方案。

图1│榻榻米铺设方式

①礼仪用铺设方式

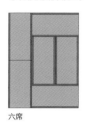

六席

八席

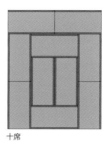

十席

②非礼仪用铺设方式

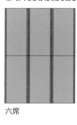

六席

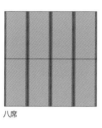

八席

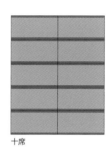

十席

③无镶边榻榻米

四席半

图2│设法将座椅自然纳入日式房间

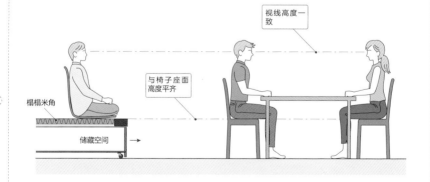

视线高度一致

与椅子座面高度平齐

榻榻米角

储藏空间

086

书房

设计：STUDIO KAZ
照片：Nac ô sa & Partners

Point 明确使用目的，重新审视必要项目
虽说是角落，亦应在一定程度上遮挡视线，构成相对独立的空间

男人的趣味屋

作为不以笔墨为生的人，并不需要那种原来意义上的书房。普通人只是将其当做一个读书的房间而已，摆上收集来的汽车模型作为装饰，有时还亲自动手制作帆船模型什么的。实际上，书房已成了男人的趣味屋。尽管从前用于欣赏音乐的听音室也属于书房的一种，然而随着家庭影院的流行，听音室(剧场室)便成为供家庭成员聚会的第二起居室。

提起书房所包含的要素，很自然会联想到写字台、椅子和书架之类。可是，假如不是一个作家的话，就没有必要非得摆张写字台不可。一个用于读书的房间，只要摆上勒·柯布西耶设计的躺椅，再配上由艾琳·格雷设计、可放饮品的茶几就足够了。如果装上空调，并设个迷你酒吧，则更加让人感到舒适和惬意

【图1】。如果是用作星期天木工的房间，应该考虑到木屑的处理和涂料的存放等问题；若将房间做绘画和雕刻之用，需要采取的对策也与此类似。

如果只注重书房字面上的意思，像这样一个用途并不明确的空间，很容易让人无所适从，到头来可能搁置不用。在空间的设计上，无论如何不能将其当做避难场所看待。

构建趣味角的设想

毋庸讳言，住宅中能充分留有书房空间的例子并不多。多数人的想法，只是要在起居室、卧室、走廊等的角落处辟出一个"趣味角"【图2】。类似这种情况，还不能成为完全开放的空间，最好用书架等将空间稍加分隔，适当遮挡外面的视线。如设在卧室内，则须考虑照明和声响的问题。

图 1 | **书房示例** (S=1：60)

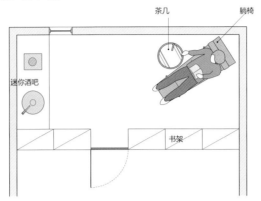

茶几

躺椅

迷你酒吧

书架

图 2 | **PC 角（起居室）示例** (S=1：80)

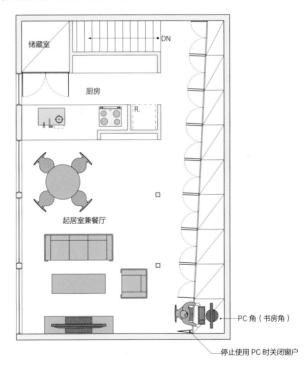

储藏室

DN

厨房

R.

起居室兼餐厅

PC 角（书房角）

停止使用 PC 时关闭窗户

087

收纳规划

设计·照片：STUDIO KAZ

Point　根据装入物品的类型选择适当的收纳方式
注意外露型收纳与隐蔽型收纳两种方式的平衡

分类收纳

收纳规划的定义是，重构"物"与"人"关系的作业。

第一个作业就是"分类"，即为使物品井然有序而进行的分类整理作业。收纳物品处基本都靠近使用场所，便于取出和存放【照片1】。此时，一定要注意收纳空间的进深。由于拿取前后摆放的收纳物不太方便，因此最里面的物品可能始终用不上。正因为收纳空间进深的设计不合理，所以外观也显得很难看。而且，要使空间得到充分利用，其高和宽亦应根据内容量的大小设定。假如忽视了这一点，空间便失去了稳定性。还有一个值得注意的问题是，如果按照上面的定义做收纳规划，很可能将实际的内容量设定为最大值，这样一来，橱柜的门也将变得很大，用起来更不方便了。在收纳空间正面较宽的情况下，假

如将橱柜门分割成同样大小的几扇，空间会变得太单调，往往让人觉得很生硬。使用频度不高的物品和应季物品，最好存放在储藏室。如居室具备高顶棚等条件，则可不占用水平面积规划收纳空间，因此具有不用考虑容积率等因素的优点。类似这样的空间，一定要充分利用。即便是公寓，只要在空间构成上下些工夫，设置收纳空间也不是不可能。

外露型收纳

用橱柜门将全部收纳物遮掩住，确实显得整洁。然而，时时刻刻都要保持整洁也让人产生某种压迫感。这样的空间，似乎沾染不得一点灰尘。因此，有时竟想离开这里，找个地方放松一下。不然的话，就适当放些用来欣赏的小玩意，也让人感到很惬意【照片2】。甚至购物时也不妨想一想：这东西有没有装饰性？

设计：今永环境计划 + STUDIO KAZ　照片：Nac á sa & Partners

①窗户兼照明　②多媒体　③音箱　④影音设备　⑤遥控器　⑥图书　⑦空调　⑧其他

在此例中，橱柜门和抽屉的大小是按其中收纳的东西设计的

即使只有几英寸的进深，一旦放上小摆设，也会增加不少乐趣

照片 2 | **外露型收纳示例**

设计·照片：STUDIO KAZ

088

步入式衣柜

设计：STUDIO KAZ
照片：Nacása & Partners

Point 对场所和衣柜大小要仔细斟酌
轮换存放夏用物品和冬用物品的方法很重要

需要多大的衣柜

很多人都想有个步入式衣柜。的确，能有个便捷存放衣物的空间，也是件值得庆幸的事【图1】。然而，如此一来，就必须留出供人员进到里面去作业的空间。在房间本来就不宽敞的情况下，如何确保这样的空间便成了难题。最终取决于衣柜所需空间与其他部分的平衡状况。在做规划设计时，必须确认携带式衣箱是否放入壁橱内。虽然最近在逐渐减少，但弃之不用的衣箱仍多得超出想象。

遵循以上思路，再计算一下衣服的数量。衣架上的衣物，按长短分开，逐件测量其长度。放入抽屉内的物品，则分类计算数量。这里的问题是，如何处理夏用物品和冬用物品？假如面积足够大，可采取平面分区的方法解决，否则，便应考虑采取轮换存放的方法。根据笔者的经验，也可以采用冬夏物品前后排列的方法【图2】。在冬夏之交，要做的只是改变一下衣物排列的前后次序。这样一来，便不再需要另外安排动线和作业空间。而且，或许已不再是真正意义上的步入式衣柜了。

虽然须考虑承重问题，但还应尽量选择可调衣架，因为衬衫和上衣的长度各不相同，何况冬季又会增添大衣之类。

设置在何处

一般情况下，多是从卧室走向衣柜。因此，应尽量将其设置在靠近出入口的场所。不过，应注意房间出入口不能与壁橱门重合。考虑到晨间的生活习惯，也可以将其设在卧室与浴室（洗漱间）之间。此外，也能见到那种由走廊通向衣柜的布置，这时的衣柜更像是一间壁橱。

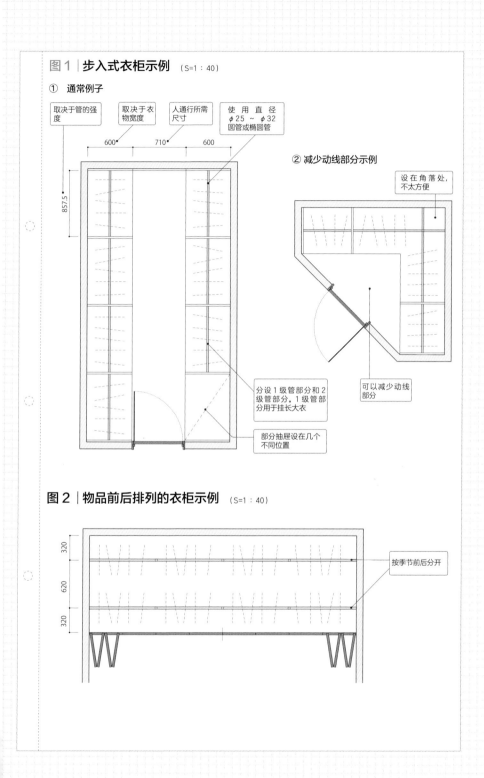

图1 | 步入式衣柜示例 (S=1：40)

① 通常例子

取决于管的强度

取决于衣物宽度

人通行所需尺寸

使用直径 φ25～φ32 圆管或椭圆管

600　710　600

857.5

② 减少动线部分示例

设在角落处，不太方便

分设1级管部分和2级管部分。1级管部分用于挂长大衣

部分抽屉设在几个不同位置

可以减少动线部分

图2 | 物品前后排列的衣柜示例 (S=1：40)

320

620

320

按季节前后分开

第6章
规划方案

189

089

老年人的房间

设计：STUDIO KAZ
照片：山本 MARIKO

Point 了解老年人的身体特征
不仅注意台阶，还要设法消除各种障碍

是否真正做到了无障碍

最近，虽然关于"无障碍"的呼声很高，但也要先从了解构成"障碍"的机理入手。总体上看，老年人的身体都很衰弱，这是构成障碍、导致行动不便的主要原因。不仅是台阶，对色彩和照明的反应也不那么灵敏了。譬如，眼球是靠肌肉调节视网膜的焦点和瞳孔的大小。因年老体衰的缘故，老年人要校正眼球焦点、习惯眼前的亮度需一段时间。台阶也同样如此，最危险的是那种设在不该出现地方的奇怪台阶。不过，也有人认为，假如台阶的级差能像楼梯那样高，反倒更加安全。当然，尽管都是老年人，也存在个体差异。因此，需要针对每个人的具体情况进行设计【图1】。

消除各种障碍

①色彩设计

人一上了年纪，便很难识别色彩浓淡的微小差别。对于较深的颜色，在这一点上表现得更加明显。因此，在需要引起注意的场所，色彩设计的配色须浓淡清晰，避免让眼睛疲劳。

②照明设计

随着年龄的增长，适应亮度所需要的时间也越来越长。有鉴于此，应尽可能避免明暗的骤然变化。虽然所需的照度因年龄和作业内容而不同，但总体上应为年轻人所需照度的2~3倍。相反，老年人对辉度十分敏感，因此，应考虑采用光源不外露的照明灯具和照明系统来提供所需的照度。

③关于轮椅

对于移动轮椅【图2】来说，级差自然是个障碍，为此需要有坡道，但坡度不能太陡，以1/12作为基准，最好能在1/15~1/18之间。另外，还要考虑轮椅的回转半径。最近，又出现一种较窄的室内用轮椅。在扶手和家具的配置方面，也要尽量做到平缓舒适。

图1 | 对台阶的处理

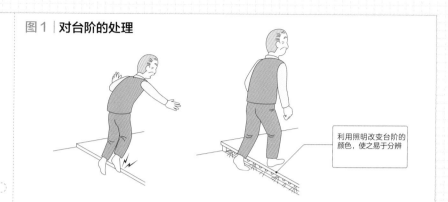

利用照明改变台阶的颜色，使之易于分辨

图2 | 便于轮椅通行

① 坡道

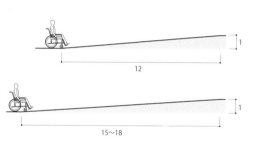

② 回转半径（自走式）

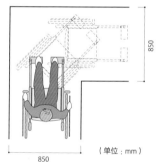

（单位：mm）

Pick! UP. 现场的各种说法

佛龛和祭坛

在日本老年人的房间内，多设有佛龛和祭坛。因此，要注意为其预留位置和空间。祭坛设在比头部略高的位置。如佛龛和祭坛在同一房间，祭坛高于佛龛，且二者不相对。有关设置上的朝向问题，如 [右表] 所示，会注意不同房间及场所的差异。

	祭坛	佛龛
东面房间	南或西	南或西
东南面房间	西北或西	南
西面房间	东	东
西北面房间	南、东南或东	南或东
北面房间	南或东	南或西

090

家庭影院

设计：STUDIO KAZ　照片：山本 MARIKO

研讨配线电缆的处理
想法千差万别，务必充分商量

基本采用 5.1 声道的环绕立体声系统

由于家庭影院的流行，即使那些无法辟出带隔声设备专用房间的家庭，也有很多将起居室兼用作家庭影院【图】。

家庭影院最低限度所需的设备有：电视机、银幕、放映机（投影仪）、环绕立体声系统、回收设备等。以 5.1 声道作为环绕立体声的基本配置，由前 3 后 2，总计 5 个扬声器，以及低音炮组成可营造出临场感的系统。这种场合，需要处理好后面的配线连接问题。为看上去整洁而将配线纳入墙壁、顶棚和家具内时，需要先敷设被称为 CD 管的挠性配管，并提前确定扬声器的位置。还有这样的产品：利用设在电视机座内的扬声器模拟出环绕声效果。根据自身条件，也可将其作为一种选择。

了解业主痴迷的程度

为使欣赏效果真正令人满意，最好准备一间带隔声设备的屋子。因为在放大音量时，你所受到的震撼会格外不一样，除了家里人，还要考虑到对左邻右舍的影响。因此，作为家庭影院的房间，务必采取可靠的隔声措施。至于隔声的方法，也有好几种，但要想真正收到隔声效果，还是请专业人员来做更好些。如果想简单一点儿，可在墙壁材料的选择和施工方法上下些工夫。使用设备的类型、画面的大小和系统的组合方式，不同的人会有很大差异。关键是，变更系统的可能性有多大。在设备类型不断花样翻新的过程中，很多人都在追求最新的款式。而且，其中也不乏发热严重的机种，如将其放在橱柜内，须特别考虑散热问题。即使一些价格昂贵的设备，也能见到因散热不充分而发生故障的例子。

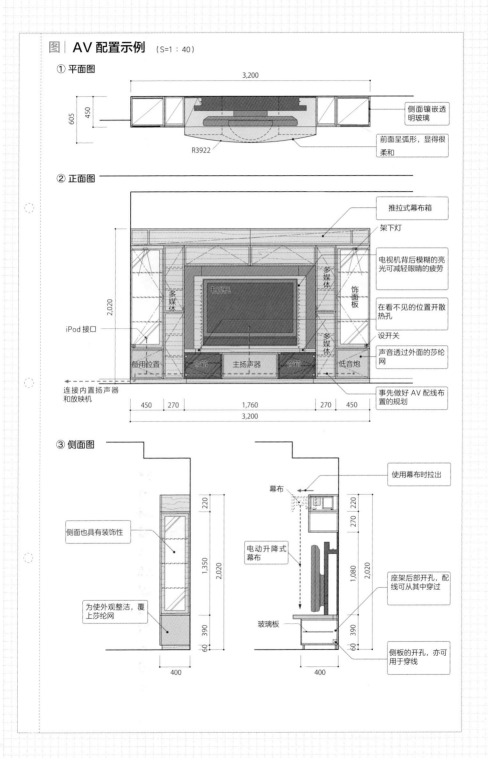

图 | AV 配置示例 （S=1：40）

① 平面图

3,200

605 / 450

R3922

侧面镶嵌透明玻璃

前面呈弧形，显得很柔和

② 正面图

推拉式幕布箱

架下灯

电视机背后模糊的亮光可减轻眼睛的疲劳

饰面板

在看不见的位置开散热孔

设开关

声音透过外面的莎纶网

事先做好 AV 配线布置的规划

多媒体

电视机

多媒体

多媒体

2,020

iPod 接口

备用位置   音箱   主扬声器   音箱   低音炮

连接内置扬声器和放映机

450   270   1,760   270   450

3,200

③ 侧面图

使用幕布时拉出

幕布

侧面也具有装饰性

电动升降式幕布

为使外观整洁，覆上莎纶网

220 / 1,350 / 390 / 60 / 2,020

400

270 / 220 / 1,080 / 390 / 60 / 2,020

玻璃板

座架后部开孔，配线可从其中穿过

侧板的开孔，亦可用于穿线

400

091

住宅和店铺

设计：STUDIO KAZ 照片：山本 MARIKO

Point 设计给店铺营造出剧场氛围
仔细规划动线，尽可能听取店内员工的意见

外观上定义模糊的店铺

住宅与店铺在设计上的最大不同点就在于所要考虑的对象。住宅里的人是可以见到的，至于光顾店铺的人是什么样，虽然也能通过其他途径做某种程度的想象，但其对象却是不特定的多数人。设计对人的行为和心理有一定的调节作用，然而，这必须建立在事先考虑到种种可能性的基础上。

关于时间的考虑也是一样。住宅，须做较长周期的规划设计；店铺，根据其业态类型，可考虑做周期比住宅短的规划设计。尤其是购物店，这样的倾向更加明显。店铺设计，需要营造出非日常性的剧场氛围。即使那种以"宾至如归"作为卖点的快餐店，也不能完全按照自宅的样子进行设计【照片】。

对于客人停留处等设计标的，最好每个细节都提前考虑清楚。另外，使用的材料也完全取决于设计的方向性。一间销售有机食品的快餐店，如果满眼金属的内部装饰，便显得很不协调。此外，差别化也是重要的关键词。

关注人的动作

对动线的规划要特别慎重。事先对客人动线和员工动线进行模拟是必要的。尽管店铺生意兴隆与否，并不完全取决于设计的好坏；但动线布置的优劣，肯定会在销售额上体现出来。这不能单靠设计师本人的判断，最好能听听店内实际工作的员工的意见。

除此之外，建议将气味和音乐也作为设计的元素，统筹加以考虑。营造出非日常性氛围，这也是与住宅的一个明显区别。因此，平面设计显得十分重要。你甚至会感到很奇妙：发现室内设计与平面设计的不同，不仅有客人的原因，而且员工也是构成店内氛围的要素。

照片 | 店铺设计（快餐厅）示例

设计·照片：STUDIO KAZ

快餐店的设计往往由许多片段的形象汇集而成。当然，作为设计应该不放过任何细节，但重要的是，所营造的氛围又不能让人察觉到这些细节。

092

购物店

设计·照片：STUDIO KAZ

Point 购物店的设计，取决于商品的陈列方式
理解展示的意义及其重要性

陈列设施的设计

购物店最重要的构成元素，是动线规划和陈列设施的造型。应该在便于看见商品的高度上，按照易于分辨的顺序，做高效率的配置，因此，进深的大小也应与商品的外形尺寸相符。需要根据商品的类型配设适当的照明。因灯光发出的热量，有可能烧损商品，故不宜使用卤素灯泡。过去，荧光灯一直是照明光源的主角，但由于LED品种的增加，以及价格在逐渐走低，今后将会更多地采用LED作为光源。与荧光灯相比，LED灯具被紧凑地组合在一起，显得十分小巧。因此，增强了其形状的可塑性，使得陈列设施的造型也变得更加随意。

陈列设施的造型固然是决定购物店整体氛围的重要元素，但归根结底，不能忘记商品才是购物店的主角。为了更好地展示商品，应该注重其背景的设计。在店内中央位置，最好摆放可移动式陈

列柜【图1】。在布局上稍加改变，就能够给客人以新鲜感。至于贴着墙面的陈列设施，则需要根据其高度，使之带有一定的倾角【图2】。在距地面较近的高度上，多设有格架，如设计成抽屉或轮车等形式，则存取物品会更加方便。

展示设计

一般来说，商店都希望陈列的商品越多越好。然而，站在设计者的角度，必须考虑通道具有足够的宽度。假如通道的宽度，因顾客停下来挑选商品而导致他人无法通行的话，将会直接影响商店的销售额。

展示，在购物店中也占有特别重要的地位。设计应该起到吸引客人到店内来的作用。这一点，对于时装店来说效果尤其明显。理想的展示，不仅要有个漂亮橱窗，还要将其延伸到店内，这时，甚至要将店员也看做展示的一部分。

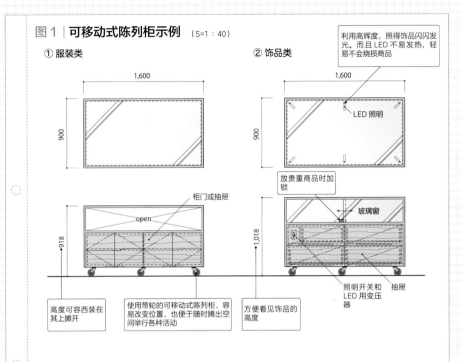

图 1 | 可移动式陈列柜示例 （S=1：40）

① 服装类

1,600
900

open

柜门或抽屉

918

高度可容西装在其上摊开

使用带轮的可移动式陈列柜，容易改变位置，也便于随时腾出空间举行各种活动

② 饰品类

1,600
900

LED 照明

利用高辉度，照得饰品闪闪发光。而且 LED 不易发热，轻易不会烧损商品

放贵重商品时加锁

玻璃窗

1,018

方便看见饰品的高度

照明开关和 LED 用变压器

抽屉

图 2 | 墙面陈列设施示例 （S=1：40）

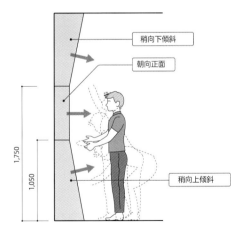

稍向下倾斜

朝向正面

1,750

1,050

稍向上倾斜

093

餐饮店

设计：STUDIO KAZ 照片：山本 MARIKO

Point 了解餐位数，规划出利用率最高的布局
对客人、店员和菜品各自的路径有所了解

餐位布局

餐饮店的座位多少，与销售额有直接关系。作为餐饮店的经营者，都希望能在自己承租的房屋里多设一些餐位，因此，如何规划出利用率最高的布局，便成为室内设计的关键【图】。不过，餐位的增加也必将需要更多的店员。关于这一点，要充分征求经营者的意见。

在设4人餐桌的情况下，如采用可被分割成两半的形式，利用率会更高。无论光顾的客人是一位还是两位，都可以将其引至这样的餐桌前。如果下拨客人是4位，原本分开的餐桌又可重新被拼成4人席，利用起来很灵活。当然，同一餐席客人彼此间的距离也十分重要。尽管说越宽裕越好，但为了确保餐位的数量，也不能将间隔留得太大。

必须将厨房单独隔离开来，以避免客人进入其中。虽然也不妨让客人看到烹饪的情景，可是，厨房内产生的热气、油烟、气味、声响等对人的刺激，其剧烈程度超出想象。根据店内装饰想要实现的效果，如果是休闲的氛围，不妨设计成开放式格局，厨房内的声响也被当做 BGM（Background Music，无人声背景音乐——译注）的元素之一；假设要营造庄重的氛围，为了不传出声音，必须将厨房分离开来。如此一来，店员的举止自然也要符合本店氛围的要求。

客人动线与店员动线

客人动线系指从入口至餐席，以及餐席至卫生间（化妆室）的通道；店员动线，则指大厅、厨房、吧台等之间的连线。在做动线规划时，注意不要让客人动线与店员动线重合。尤其卫生间的位置，往往已由业主确定，如要改变原有布局的话，则须格外慎重。哪怕一点点的疏忽，都可能导致客人不再重新光顾。另外，作为餐饮店，清洁比什么都重要，因此，应该选择易于清扫的布局和材料。

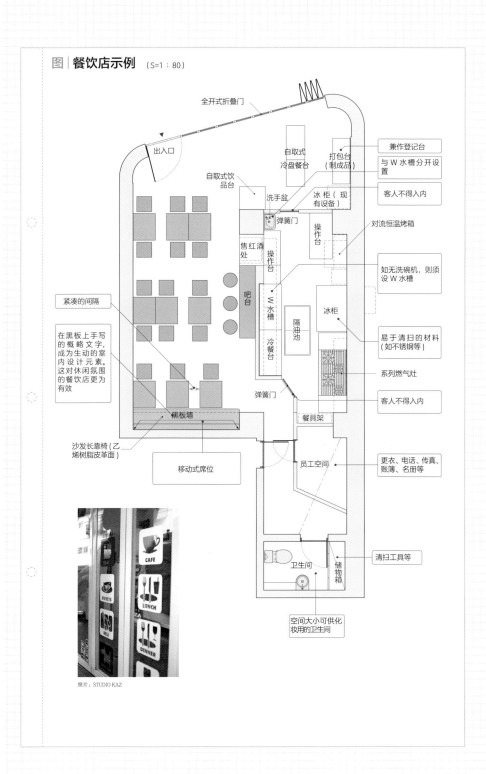

图｜餐饮店示例 (S=1：80)

全开式折叠门

出入口

自取式冷盘餐台

自取式饮品台

洗手盆

弹簧门

售红酒处

操作台

吧台

打包台（制成品）

冰柜（现有设备）

操作台

W 水槽

冷餐台

隔油池

冰柜

兼作登记台

与 W 水槽分开设置

客人不得入内

对流恒温烤箱

如无洗碗机，则须设 W 水槽

易于清扫的材料（如不锈钢等）

系列燃气灶

客人不得入内

餐具架

紧凑的间隔

在黑板上手写的概略文字，成为生动的室内设计元素。这对休闲氛围的餐饮店更为有效

黑板墙

弹簧门

沙发长靠椅（乙烯树脂皮革面）

移动式席位

员工空间

更衣、电话、传真、账簿、名册等

卫生间

储物箱

清扫工具等

空间大小可供化妆用的卫生间

照片：STUDIO KAZ

199

094

美发室的设计

设计：STUDIO KAZ　照片：山本 MARIKO

Point 每个区划的大小要满足各种活动的需要
准确设定照度值，并须注意色温和辉度

各区划的分割与连接

店铺的设计，要根据不同业态采取相应的手法。美发室，就是其中一例【图】。

一般说来，美发室大致被划分成5个区域。即：修剪（准备）区、洗发区、染发或烫发过渡区、排号等候区和员工区。员工区内设有锅炉室，还包括休息、调制染发剂、出纳和会计，以及厕所等空间。要将以上这些功能逐个设在单独的房间里，现实中很难做到。一个空间兼具几种功能的做法，关系到店主将来如何使用。因此，务必认真征求店主的意见。在修剪区，通常由美发师及其助理2人作业。在做规划设计时，必须确定他们的动作空间和作业动线，不能与客人的动线重合。对于洗发区，还要考虑到给排水设备的通畅和防止溅水等问题。此外，地面铺装材料要易于清扫，剪落的毛发不会轻易附着在地面上。

镜子是重点

镜子，成为美发室设计上的重点。可以说，它对整体效果起着决定性作用。至于照明设计，则须准确设定照度值。并且，还应考虑到色温。建议再现出尽量接近自然光的色温。很多客人来到这里，不仅剪发，还要化妆，接受一系列的服务。因此，色彩的再现性便显得很重要。理想的情况是，昼和夜分别以荧光灯和白炽灯作为照明。此外还要考虑辉度问题。剪发时，耀眼的灯光会使面部表情骤然抽紧。最近，美发室大都增设了指甲护理、化妆等服务项目，因此，在空间布置和设备的选择上，也要考虑到这一点。

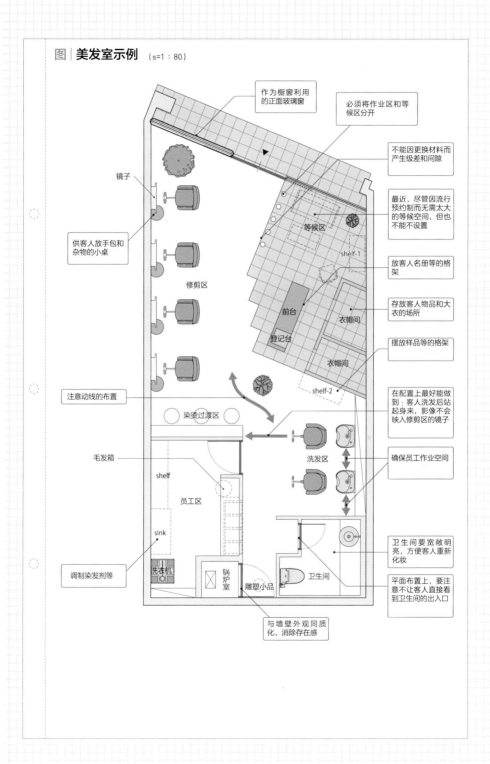

图│美发室示例（s=1：80）

作为橱窗利用的正面玻璃窗

必须将作业区和等候区分开

不能因更换材料而产生级差和间隙

最近，尽管因流行预约制而无需太大的等候空间，但也不能不设置

放客人名册等的格架

存放客人物品和大衣的场所

摆放样品等的格架

在配置上最好能做到：客人洗发后站起身来，影像不会映入修剪区的镜子

确保员工作业空间

卫生间要宽敞明亮，方便客人重新化妆

平面布置上，要注意不让客人直接看到卫生间的出入口

与墙壁外观同质化，消除存在感

镜子

供客人放手包和杂物的小桌

注意动线的布置

毛发箱

调制染发剂等

等候区

shelf-1

修剪区

前台

衣帽间

登记台

衣帽间

shelf-2

染烫过渡区

洗发区

shelf

员工区

sink

洗衣机

锅炉室

雕塑小品

卫生间

095

室内装潢

设计：STUDIO KAZ 照片：Nac ō sa & Partners

Point 根据室内装潢的目的，了解市场趋势
时代推动室内装潢市场发展

为什么要做室内装潢

　　住宅的室内装潢，既有更换新壁纸之类的小规模施工（修缮），也包括伴随改扩建而实施的大规模工程【图、照片】。至于做室内装潢的目的，则可分为两种：一个是因房屋过于陈旧，想改善其老朽化和脏兮兮的现状；或因时间久远，建筑物也确实破败不堪，通过适时维修延长其使用寿命。

　　另一个目的是，随着家庭成员构成的变化及其年龄的增长，生活习惯也在改变，即所谓发生了"生活方式的变化"。特别是出于对孩子成长的考虑，在此类工程中所占的比重最高。如果生活、年龄和体型都在变化，却宁可不方便地过着日子，压力也会越来越大。到头来，不仅肉体，甚至精神都可能出现问题。新建的住宅，如果设计上已经考虑到生命周期问题，室内装潢可以做的简单些。

至于出租公寓和商品住宅，则以不考虑这一点的居多。最近，关于居所的价值观念也在悄然发生变化：那种形式多样、具有距车站近等便利条件的半旧公寓，只要肯做室内装潢，正在吸引越来越多的年轻人购买。

住宅生命周期成本

　　与住宅"一生"有关的费用，被称为"住宅生命周期成本（LCC）"，就是指新建时的费用及因日常维护、修缮、室内装潢，直至最后解体所发生的费用总额。最近，占主流的理念是：设计上让结构体具有较长的寿命，然后通过室内装潢对应生活形态的变化和基础设施的老化，从而降低生命周期成本（LCC），并有利于保护环境。

　　此外，因痴迷于电视节目，再加上经济长期不景气，很多人都将室内装潢的计划推到更远的将来。

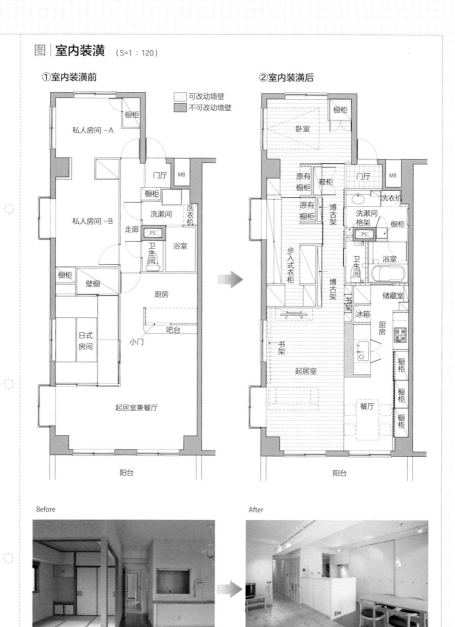

图 | 室内装潢 (S=1：120)

①室内装潢前

- 可改动墙壁
- 不可改动墙壁

私人房间 -A
橱柜
门厅　MB
橱柜
洗漱间
洗衣机
私人房间 -B
走廊　PS
卫生间　浴室
橱柜
壁橱
厨房
日式房间
小门
吧台
起居室兼餐厅
阳台

②室内装潢后

橱柜
卧室
原有橱柜　鞋柜
门厅　MB
洗衣机
原有橱柜　博古架
洗漱间格架　PS
橱柜
步入式衣柜
卫生间　浴室
博古架
储藏室
书架
冰箱
厨房
书架
橱柜
起居室
橱柜
餐厅
阳台

Before

照片：STUDIO KAZ

After

设计：STUDIO KAZ　照片：Nac ô sa & Partners

203

第 6 章

规划方案

096

独立住宅的室内装潢

设计：STUDIO KAZ 照片：山本 MARIKO

Point 室内装潢有的也须申请确认
各种结构可施工的范围也不尽相同

确认是否有法律法规的限制

独立住宅的室内装潢设计，一开始便应注意其工程是否需要申请确认。根据相关规定，凡与扩建 $10m^2$ 以上工程及结构同时实施的大规模改造，以及变更用途的施工等，均须提出确认申请。

然而，其中也有不少这样的例子：那些未取得验收合格证的住宅，虽然计划装潢内部，但申请却得不到确认。遇到这种情况，只能先做那些无须申请的部分。另外，尽管初建时适用相关法律，但后来因法律被修订而不再符合相关标准。类似这样的"现存超标建筑物"，原则上要按照现行法令做室内装潢设计。

确认为何种结构

在确认室内装潢工程有无法律规范之后，还应确认建筑物的结构类型。主要结构类型有：①木框架传统建造法；② 2in×2in 木框架建造法；③钢架结构；④ RC 框架结构；⑤ RC 混凝土墙结构，⑥预制装配住宅等。

采用木框架传统建造法，可比较自由地调整平面布置。但2层和3层的建筑，则须注意整体重量平衡的问题。必要的话，还应对立柱和桁梁采取加强措施【图1】。2in×2in 木框架的建筑结构，依靠墙壁的配置来支承。因此，大多采用不易损坏的耐力墙，要变更平面布置会受到很大限制【图2】。钢框架结构与木框架传统结构大致相同，但须格外注意连接部分的处理【图3】。原则上认定，RC结构的建筑，不可拆掉混凝土墙壁，但其他墙壁可自由变更【图4、5】。至于预制装配住宅，因每个厂家所采用的工艺和材料都不尽相同，故应根据工程具体情况加以确认。

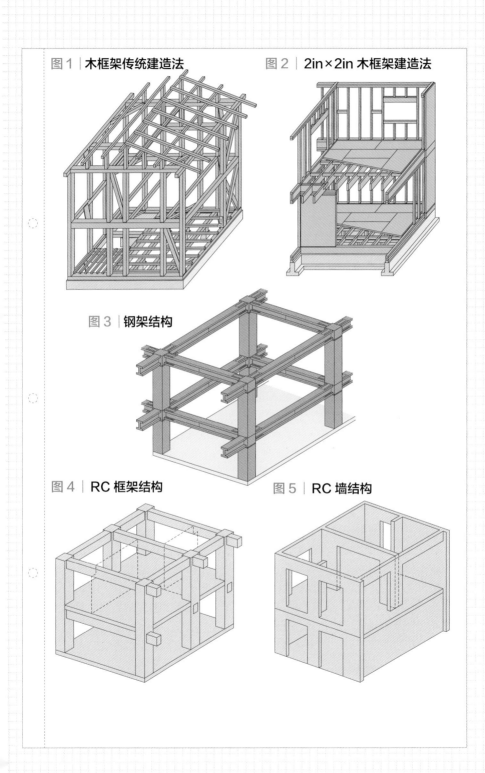

图1│木框架传统建造法

图2│2in×2in 木框架建造法

图3│钢架结构

图4│RC 框架结构

图5│RC 墙结构

097

公寓的室内装潢

设计：STUDIO KAZ 照片：山本 MARIKO

Point 从了解可施工范围着手
通过修改设计避免与邻居发生纠纷很有必要

对管理制度和竣工图进行确认

做公寓的室内装潢【图】之前，必须先了解其管理制度。并且，对工程可能涉及的范围、施工时间段、星期天能否施工，以及地面铺装材的隔声等级等，都要一一记录下来。一般情况下，允许施工的时间段为上午9时至下午5时。但须注意，其中往往将搬运材料和工具所需的时间也包括在内。另外，通常都规定星期六不得施工，或者因设计做较大变更而不得不追加工程预算。凡此种种，均须事先制定预案。公寓的竣工图，最终都要交给物业管理者或物业公司。交付之前，一定要仔细检查有无错漏之处。根据竣工图确认建筑物的结构、给排水配管及排气风道的布置，便可大致了解：在装潢施工时，哪里是可以拆掉的。

然而，由于竣工图与实际情形往往存在一定差异，因此必须事先对可能产生的风险加以评估，并制定相应的预案。否则，很可能对整个工程造成影响。不仅给建筑物的业主，也将给左邻右舍带来麻烦。施工过程中，应格外注意与周围邻居的关系。开工之前，要跟邻居打招呼，至少在开工前一天的早上，挨家挨户地拜访和致歉。凡经批准才允许实施的工程，从始至终都要认真对待噪声扰民的问题，避免因此产生各种纠纷。因为装潢之后业主还得继续住在这里，所以搞好邻里关系十分必要。

不得变更之处

公寓的室内装潢，不得改变原有门厅及窗户的开口部、PS（配管空间）、DS（风道空间）、结构墙、防火墙等。从这个意义上讲，制定设计方案受到一定限制。尤其对排水管道的布置，不可忽略其水坡度的问题，其他诸如家庭智能化所需的配线及分电盘的配线等，因无法延伸，故很难做较大改动。

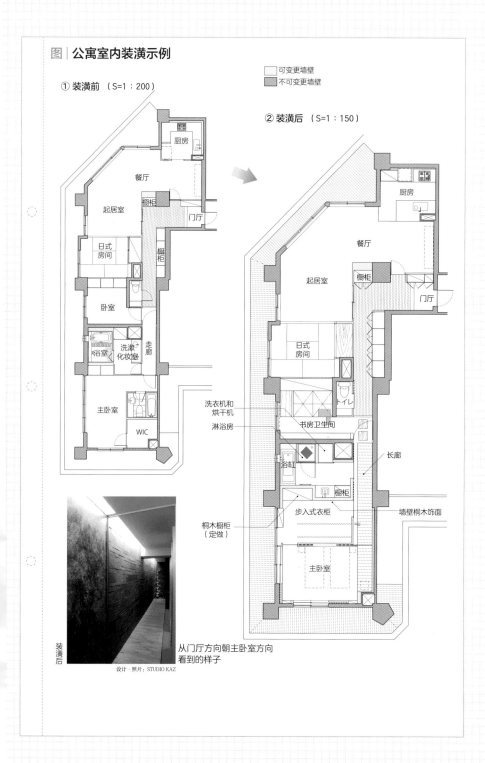

图 | **公寓室内装潢示例**

可变更墙壁
不可变更墙壁

① 装潢前 （S=1：200）

② 装潢后 （S=1：150）

厨房

餐厅

起居室

橱柜

门厅

日式房间

橱柜

卧室

洗漱化妆室

走廊

浴室

主卧室

WIC

厨房

餐厅

起居室

橱柜

门厅

日式房间

トイレ

洗衣机和烘干机

淋浴房

书房卫生间

长廊

浴缸

橱柜

步入式衣柜

墙壁桐木饰面

桐木橱柜（定做）

主卧室

从门厅方向朝主卧室方向
看到的样子

装潢后

设计·照片：STUDIO KAZ

话题 | 接待柜台的设计

设计 :STUDIO KAZ　照片：垂见孔士

不仅写字楼，还有医院和美发室等处，对其接待柜台的设计也要予以重视。因为这是一座设施和一家店铺的脸面。而且，还能够代表其业态和企业的形象。当然，着眼点不能只放在接待柜台上，最好在设计中将其看作整个内部装潢的一部分。有的经营者，会多少偏好豪华的效果，但我们不建议这样做。尽管接待柜台是个门面，但尤为重要的是，应该加强顾客群体和所有员工的信息管理。而在这方面，不同的企业规模和业态，所需要的元素也不完全一样。

照片系一家律师事务所的接待柜台。室内装潢以深灰色作为基调，在绿色的接待柜台腰墙上，覆盖一块黄色的筋板。在柜台里面，敞开式书架的搁板分别涂成绿、黄、粉等颜色，看上去十分协调。尽管如此，其整体上呈现的暗色调并没有营造出最佳效果（而且，也很难再做进一步的改动）。或许受到电视和电影的影响，一提及律师事务所，常给人以古板和凝重的印象。与此不同，我们倒觉得应该塑造成清新活泼的形象。当然，为了能让坐在里面的人振作精神，也必须注意色彩的搭配问题。

室内设计的
前期准备

098

室内设计师的
思想准备

设计·照片：STUDIO KAZ

Point 归根结底，室内设计是对行为的设计
随时更新信息

行为的设计

室内设计，只有在人进入空间后才算完成。这样的空间，总要发生某种行为：如住宅中的生活行为，商业设施内的餐饮和购物等行为。正是借助人的这种行为，才使空间产生了存在的意义。也就是说，室内设计可以被看成对行为本身的设计。

此即所谓"行为的设计"【照片】。譬如"吃"，本指为了生存而摄取营养的行为。但到了现代，它却被用在更广泛的意义上。围绕着"吃"，又衍生出交际、谈话、亲近、食疗、自给自足等各种各样的概念，呈外延不断膨胀的状态。因此，只有剥去一层层外皮，才能露出真身。而"吃"这一具有特定意义的行为，则以此为基础，再加上长期积累的生活经验，才最终构建而成。可以

说，室内设计就是让这样的行为反复出现，并使之叠加在一起。

收集最新信息

室内设计中使用的装饰材料、工具设备和工艺技术，每天都在发展变化。而且，也存在一定的流行趋势。尤其装饰材料、工具设备和家电产品，因流行趋势的演变和技术的进步，导致开发新品种和新款式的周期越来越短。总的来说，日本商品的转型要比欧洲快一些。而新建筑所需的配套设施，从做计划开始，多半需要一年左右的时间才能最终敲定。到了那时，最初预定的产品可能已被淘汰。即使有替代品，规格尺寸和价格也很难尽如人意。因此，设计者应注意到这一点。我们必须时时刻刻关注和收集最新的信息【表】。

210

照片 | 行为的设计

设计：今永环境计划 + STUDIO KAZ　照片：STUDIO KAZ

说到底，人才是主角，设计的空间必须使里面的人显得更美。
因此，要对色彩、材料、线条和尺度感加以设计

表 | 与室内设计有关的各项活动

东京国际展览馆	日本住宅展	巴黎室内设计展
东京国际礼品展	建筑城市环境软件展	伦敦设计节
国际酒店餐厅展	JAPANTEX	100% DESIGN LONDON
厨房设备用品展	IFFT / 室内生活方式展	Abitare IL Tempo
JAPAN SHOP	生态产品展	ICFF
建筑建材展	其他	质检机构
照明灯具展	东京设计师周	起居室设计中心·OZONE
SECURITY SHOW	名古屋设计周	东京设计中心
日本建材展	100% DESIGN TOKYO	信息收集网址
下一代照明技术展	DESIGN TIDE	AllAbout 住宅
朝日住宅建设展	DESIGN TOUCH	http://allabout.co.jp/r_house/
装修样式展	LIVING & DEIGN 住宅翻新	Excite ism
建筑更新换代展	东京燃气生活设计展	http://www.excite.co.jp/ism/
建筑改造产业展	海外	Japan Design Net
未来城市展	米兰家具展	http://www.japandesign.ne.jp/
GOOD DESIGN EXPO	科隆国际家具看样展销会	idsite
信号显示器展	科隆木材加工展销会	http://idsite.co.jp/
日经改造及室内设计展	哥本哈根设计节	此外，还有许多活动和网址。建议随时
国际福利设备展	斯德哥尔摩家具展销会	收集最新信息

099

室内设计的任务、资质和人员

照片：STUDIO KAZ

Point 随着职种的细分，其范围不断扩大
虽无需特别的资质，但配备的职种要齐全

细分化的职种

过去，室内设计是建筑师的工作之一。从城市规划到建筑、内装、门窗、家具、照明等的设计，他们包揽了一切。因此，并没有明确划分职责范围。而且，当时也不需要那样做。可是，自从室内设计师的职称确立之后，业务被进一步细分，使他们得以在各自领域里发挥个人专长【表1】。这样一来，从事室内设计已不再需要什么资质。极端地说，室内设计已成了任何人动动手都能干的职业。而且，随着时代的发展，各种新的职称也应运而生【表2】。

业务范围

一般的室内设计工作，是以建筑主体结构的内侧为对象。不过，如果是装潢之类，往往还要牵扯到立柱或桁梁的移动、拆除和加强，以及墙壁的移动或拆除等。因此，最好掌握一定程度的相关知识。在厨房和浴室的设计中，则需要了解设备设计的知识。为使室内设计做到完美和谐，不单纯是协调问题，还必须具备历史、人类工程学、材料、设备、环境工程学、装饰材、施工，以及无障碍设计、餐具和室内装饰品等各种知识，还要具有咨询、推介和销售的能力。

最近，出现许多在室内设置培育植物空间的例子。可以说，园艺及插花的专业者也成为从事室内设计的职种之一。甚至连采购和摆放杂品的人，也都与室内设计有关。从更广泛的意义上讲，还应将室内设计所的员工、家具工匠、家具采购者等也包括在内。

表1 | 室内设计相关职业（职称）一览　（部分）

室内设计师	插花设计师	空间设计师
室内设计统筹师	园艺设计师	空间构筑师
室内设计规划师	杂品采购师	建筑师（一级、二级、木结构）
室内设计造型师	杂品设计师	公寓室内装潢项目经理
产品设计师	室内设计所员工	织物设计师
家具设计师	宜居环境统筹师	景观设计师
家具采购师	房产顾问	起居室规划师
家具修复师	收纳咨询师	照明统筹师
展示设计师	照明设计师	
厨房专家	照明咨询顾问	

表2 | 室内设计相关资质一览　（部分）

资质	归属部门、认定机构等
一级建筑师、二级建筑师、木结构建筑师	经国土交通相或都道府县知事审批
室内设计统筹师	社团法人室内设计产业协会
厨房专家	社团法人室内设计产业协会
室内设计规划师	财团法人建筑技术教育推广中心
室内设计师	社团法人日本室内装备设计技术协会（日本室内设计师协会）
宜居环境统筹师	东京商工会议所
公寓室内装潢项目经理	财团法人住宅装潢及纠纷处理支援中心
起居室规划师	特定非营利活动法人日本生活方式协会
照明咨询顾问	社团法人照明学会
照明统筹师	社团法人日本照明统筹师协会
商业设施规划师（广告空间设计师）	社团法人商业设施技术人员团体联合会
DIY 咨询	社团法人日本 DIY 协会
外观规划师	社团法人日本建筑墙体及外观工程业协会
整理·收纳·清扫 (3S) 统筹师	NPO 法人日本家居清洁协会
整理收纳咨询	特定非营利活动法人家政协会
CAD 制图技能审核	中央职业能力开发协会
CAD 实际作业认定制度	NPO 法人计算机职业教育振兴会、NPO 法人日本电脑指导者协会
建筑 CAD 检定试验	中间法人全国建筑 CAD 联盟
宅地交易中介	资格由都道府县知事备案
旧物商	经都道府县公安委员会批准

与室内设计有关的主要团体

社团法人日本室内设计师协会
社团法人室内设计产业协会
社团法人日本室内工业设计师协会

100

相互交流

设计·照片：STUDIO KAZ

Point 一切都从相互交流开始
应该使用对方容易接受的语言

相互交流

不单是与室内设计有关的职种，几乎做任何工作都要与他人发生各种关联。亦即，生活中须有几个节点，人们必然会在那里相互交流。

在做室内设计过程中，便存在与客户交流及与业主交流的问题【图】。

在与比较外行的客户交谈时，不要说专业术语，尽量使用浅显易懂的语言【照片】。例如尺寸，设计师总是以 mm 为单位，可一般人却容易按 cm 思考。因此，应该将其统一起来。然而，如在现场与工匠们交谈，则必须以 mm 作为尺寸单位。对此，要区别不同场合使用。另外，不仅是语言，对于各种工具的运用，也应该熟练掌握。

建议重视现场的交流。一般来说，作品不可能单凭设计师个人来完成。因此，设计师要将自己的意志准确地传达给现场的工匠们，让不同门类的工匠能够按照设计师的意图进行施工。

在广泛征求意见的基础上制定方案

在与客户交谈的过程中，可以了解（磋商和征询）客户的需求、期望、偏好、必要条件等，并据此制定方案（效果图）。除了语言，还要运用速写、透视图、样品、图纸、模型、实物照片、形象照片等手段进行归纳后，用演示板将方案公布出来。此时的关键问题，就在于怎样做才能让对方容易理解，正是由这一点，可以看出设计师的水平高低。

图 | 相互交流

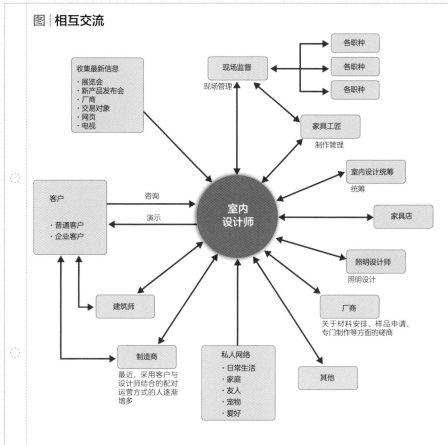

- 收集最新信息
  - 展览会
  - 新产品发布会
  - 厂商
  - 交易对象
  - 网页
  - 电视

现场监督
现场管理

各职种
各职种
各职种

家具工匠
制作管理

室内设计统筹
统筹

客户
- 普通客户
- 企业客户

咨询
演示

室内设计师

家具店

照明设计师
照明设计

建筑师

厂商
关于材料安排、样品申请、专门制作等方面的磋商

制造商
最近，采用客户与设计师结合的配对运营方式的人逐渐增多

私人网络
- 日常生活
- 家庭
- 友人
- 宠物
- 爱好

其他

照片 |

为装潢一座半旧的独立住宅，正与客户在店内磋商。在采用图纸、样品、色彩样本、说明书等多种资料的同时，还要了解客户的所有需求，并设法使客户真正理解自己的设计意图

照片：STUDIO KAZ

101

室内设计师应该
是这样的人

设计·照片：STUDIO KAZ

Point　日常生活也是工作的一部分
虽然如今已离不开 PC，但使用 PC 并不是工作

采集更多的信息

设计师的工作，并不局限于绘制图纸和透视图。例如，在餐厅里吃饭时，将手伸到餐桌下面，确认一下桌顶板和桌脚的结构，或者用手指像尺蠖虫一样地测量尺寸。但凡做出这种奇特举动的人，十有八九都是设计师。为了能将所闻所见记录下来，应该随身带着速写簿。最近，很多人开始用小巧的数码相机做记录，最好选择能够拍摄广角画面的机种。很多室内设计师并不擅长摄影，假如不用广角镜头，就拍不出完整的画面。数码相机的摄像功能也很方便，如果能利用视频了解装潢前的状况，则很少会有遗漏的地方，更便于掌握空间结构。在现场，用数码相机的测距仪实测相关尺寸也很方便。而且，卷尺的外形尺寸也变小了【照片】。

不用 PC 就不成

如今，PC 已成为必备之物。即使图纸和透视图，也很少有人再坚持手绘，几乎所有的人都在使用 CAD。Macintosh 对应的 CAD 软件种类不多，"VectorWorks"（A & A）是其中的代表。绘制透视图的软件，则因其实用性和效果等级不同，价格上的差异也很大，应根据工作需要加以选择。其他，在资料编制方面，如 "ilustrator" 和 "Photoshop"（Adobe）等图像、照片加工软件，以及 "PowerPoint"（Microsoft）之类的演示软件，都被经常使用。

然而，这些软件不用 PC 就不成。室内设计师的本分不在于绘制图纸和画效果图，而是要构筑出美的空间。这一点，决不可忘记。

照片 ｜ 室内设计师口袋里装的东西

犬牌箱包厂（东京浅草）的帆布制手提包非常结实，可连续使用 11 年。差不多终生只换一次。除可放入 A3 图纸外，即使将很重的样品放进去，也不会损坏

U 盘（1GB、4GB）

名片

计算器（可用智能手机代替）

手机、智能手机

激光式数码相机测距仪

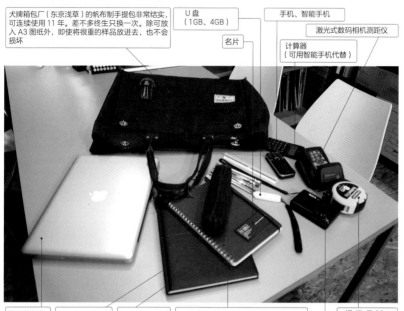

笔记本电脑。目前开始使用 iPad 或 MacBook Air

备忘录（NAVA）。现已用智能手机的备忘录功能代替

速写簿（MUJI）

文具盒 0.9mm 自 动 铅 笔（STAEDTLER）、黑色及红色圆珠笔（双色）、橡皮、铅笔刀（OLFA）、三角尺（DRAPAS）

钢 卷 尺（8m、5.5m）较宽的尺面很结实

数码相机 R8（RICOH）。最好带广角镜头。现亦可用智能手机代替

Pick UP! 现场的各种说法

携带物品和着装多少保守一点

去现场或做演示时，往往需要带大量的样品和资料。室内设计所用的材料，多半都是瓷砖、石材、玻璃、金属等，再加上图纸和说明书，分量相当重。因此，需要一件很牢固的提包。笔者推荐一种帆布制的手提包。它的大小刚好能够放入 A3 幅面的图纸，可连续使用 7 年，哪怕提手坏了，包还能用。通常出门时，将图纸、笔记本电脑、

备忘录、速写簿、文具盒、卷尺、卡片数码相机、眼镜盒、MP3 等装入其中。

着装上，如今已很少有人像从前那样在立领的白衬衫外面套一件黑色西装，一看打扮就知道干什么的。越来越多的人，都打扮得很随意。尽管如此，也绝不是那种最流行的款式，多数人还是比较保守的。

第 7 章　室内设计的前期准备

217

102

安全规划

设计・照片：STUDIO KAZ

 Point　制定安全规划时，要从各个角度考虑
以儿童为对象制定的安全对策，最好是可随时调整的

以儿童为对象的安全规划

既然从事室内设计师这份工作，便应以构建美的空间为己任，但过去设定的最低条件，却是必须保证安全。所做的设计，大体上要符合法律的相关规定。不过，问题就在于法律没有规定的部分。尤其在为幼小的孩子制定安全规划时，须格外注意。对于大人不成问题的地方，对于孩子可能存在危险。然而，在建筑物的整个生命周期中，像这样的危险期十分短暂，因此要想办法使室内设计能够适应以后的变化。其中，楼梯的扶手就是很好的例子。

从选择材料到总体布置

最近，涂料和粘接材料的安全性受到了严格监管。尤其是涂料，以 Osumo 和 Ribosu 为代表的天然系涂料正受到人们的关注【表】，可以通过仔细对比，

根据自己的需要来选择。此外，还要考虑到材料的安全性。但凡比较坚固的地板，从价格上考虑，多选用进口木材制成。对此类木材的性质，亦应了解清楚。不可否认，其中有不少违法砍伐的原木，或者为了降低成本干燥不充分的木材，很容易发生扭曲和反翘之类的问题。

对总体布置也不能掉以轻心【图】。例如，在厨房的水槽前面多设有毛巾架，但其只达成年女性腰间的高度，却与小孩双眼的高度差不多，存在一定的危险。假如孩子因此碰伤眼睛而对厨房产生厌恶心理，后果将很严重。至于材料的棱角是否圆滑，同样是考虑的重点。假如不愿意倒棱，只是将锐利的棱角包裹起来，将增加受伤的风险。反之，圆润的倒棱则会使风险系数大大降低，而成为温馨的设计。关键是，必须兼顾外观、样式、方便和安全的要求。

表 | 天然涂料目录

涂料名称	材料的特点	进口·日本产
Osmocolor	以葵花籽油、大豆油等植物油为基料的涂料	日本 Osmo
AURO 天然涂料	用 100% 天然原料生产的德国造天然涂料	犬井公司
天然涂料 ESHA	用亚麻籽油、桐油、红花油、亮树脂等天然原料制成的日本产涂料	Turner-color
Ribosu 天然涂料油 Finish	秉持健康和环保的理念研制的天然健康涂料。以亚麻籽油为基料	池田公司
Planet Color	使用 100% 植物油和蜡制成的木材保护用天然涂料	Planet Color 日本

Osmocolor
照片提供：日本 OSUMO

图 | 考虑到安全性的毛巾架 (S = 1 : 3)

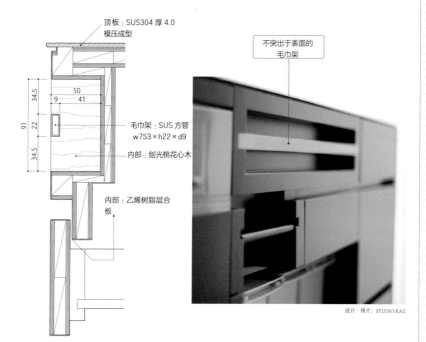

顶板：SUS304 厚 4.0
模压成型

不突出于表面的
毛巾架

毛巾架：SUS 方管
w753×h22×d9

内部：刨光桃花心木

内部：乙烯树脂层合板

设计·照片：STUDIO KAZ

219

第 7 章

室内设计的前期准备

103

室内设计规划的步骤

设计·照片：STUDIO KAZ

Point　不可将两个项目作出相同的设计
从发现生活的主题开始

所谓特殊站点

关于设计规划的步骤【图】，并没有统一的规定。大体上可分为两类，一类是先构建整体空间框架，然后再将细部一点点地往里填充；另一类是由某个重要的细部开始组装空间。但是，不管采取哪种方式进行设计规划，均须处理好整体与细部的关系。要想将装饰效果更清晰地展现给业主，最好采取后一种方式。譬如，当用一幅非常喜欢的画装饰墙面时，便可考虑围绕这面墙来构建空间。当然，所用的材料、色彩和比例，必须根据特定的绘画加以选择。

类似这种"仅在特别条件下方能成立的环境（空间）"，被称为Site-specific（特殊站点）。尽管当事者认为没有比这更惬意的空间了，但在他人看来，可能觉得并不舒适。尤其是居住空间，方案的设计可以跟着自己的感觉走。

因为是个人生活的场所，无须顾及他人的感受，所以只要自己觉得满意就行了。

分割与连接

要想做到这一点，最好能从解构固有的概念开始。并且必须考虑，如何找到"生活的主题"。各个家庭，所追求的家庭生活要素是多种多样的。假如硬要整齐划一，就太简单化了。接下来，便是如何对体量进行分割。应该要设定一个空间，能够将"吃"和"睡"这样用途及目的不同的行为连接起来。分割的方法也不止一种，可根据具体情况分别使用。进而，还应重建已分割的多个空间的关系，使其相互"连接"起来。所谓行为，是指一种连续发生的事件，不可能独立存在。因此，对各个空间（行为）相互关系的整理，就是为了使空间变得"使用更方便"和"居住更舒适"。

图｜一般室内设计规划步骤示例

构想

主要搞清与方案制定有关的问题：项目地点、何时实施、业主是谁、目的何在、预算多少、拟构建什么样的空间等。这些都离不开委托者，应由其申明构成规划设计前提的各项条件

规划·设计

设计者研究委托者给出的各项条件，并进行适当调整，制定基本规划方案，用图纸等展示平面布置概况。接受经委托人确认的基本规划方案内容，着手设计。决定装饰方法和风格，以及备品等的清单，编写设计文件

对条件的确认和整理

规划过程中，要对委托人提出的各项条件进行整理。包括：家庭成员构成等人的要素、建筑结构及面积等空间要素、采光等环境要素、家具及设备等物件要素，以及预算、相关法律规范、技术、工期、与社会背景有关的个人偏好等。要从全局视角归纳整理这些要素，并使之和谐统一

空间的分割和配置

首先设想空间内的各种行为和场面，在此基础上设定相应的单位空间。然后，在斟酌动作空间尺寸等要素的同时，确定空间的广度及其相对位置关系，并保持整体上的均衡。最后，做出平面规划

立体空间规划

作为立体空间，不仅要决定其高度，还要确认其部位与构件等的相对位置关系，研讨空间剖面的形状、尺寸等。这时，假如能绘制出草图或制成模型，对于表现设计理念和展示细部是很有帮助的

室内设计统筹

根据基本规划方案，决定地面、墙壁和顶棚的装饰材料，将家具、门窗、照明灯具、织物等各种元素填充在空间内。并非只是简单地将好的元素集中起来，而是要从空间整体着眼，使之处于均衡状态，将重心放在各种元素的统筹上

预算计划

如预算可满足所给条件的要求，在计划先行时要考虑两种情况：一是在规定的预算内，规划设计可做到何种程度；二是实施规划设计过程中会涉及多少费用。无论哪种情况，均须与委托人充分协商

进度计划

制定方案时，应按照工期确定进度计划。对所有必须施工的部分进行确认，何时开始，何时结束，都要设定在总的期限之内。但即使总的工期并无不当，亦应避免因装潢进度安排过急而破坏整体的平衡

施工计划

对施工者的选择，最终要由委托人决定。不过，具备专业知识的设计者也有必要提供建议。对施工者所做的综合判断，要依据以下条件：实绩、体制、预算书内容、施工及监理的资质、现场实际状况、后期维护等

施工 → **竣工** → **维护**

104

建筑基准法
——室内设计相关法规

设计：STUDIO KAZ
照片：山本 MARIKO

Point 注意随时更新与法律法规有关的资讯
不仅对建筑物的样式，对材料和安全性也有相关规定

了解最新的法规内容

室内设计涉及各种各样的法律法规。法律中的政令、部（省）令、条例等修订很频繁，不断有新的规定颁布出来。因此，随时掌握其最新的内容，就显得很重要。

建筑基准法

建筑基准法的目的在于，"确定关于建筑物的用地、结构、设备及用途等的最低标准，以保护国民的生命、健康和财产，进一步提高公共福利的水平"。

凡建筑用地归属的"用途区域"，对该区域建筑物的规模和用途等均有限制性规定，在将仓库改造成住宅或按新规开设店铺时，必须严格遵守。

不仅新建建筑物，即使扩建或大规模的改造工程，也要经过批准，着手设计之前，应向政府部门提出申请。

根据建筑基准法的有关规定，建筑面积比、容积率、高度限制和（北侧和道路等的）斜线限制，均应符合建筑物的形态特征（对建筑群的规定）。而且，在居室的采光换气等环境卫生方面，也有相关规定。其次，还对楼梯的坡度、缓步台、扶手等做了规定。对设在屋顶和阳台的栏杆，则规定了其高度应该是多少；并且，其材料性能被分为不可燃、准不可燃和难燃等几类，只能使用各城市规划区限定的材料（对单体建筑的规定）。最近，住宅内设地下室的例子逐渐增多，但是，依据建筑基准法对住宅地下室给出的定义，即使在将居室设在地下层的情况下，也要计入容积率之内。

建筑基准法体系

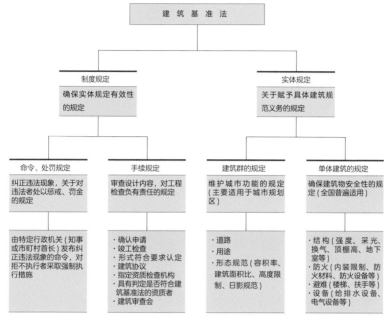

据《世界上最实用的建筑基准法》谷村广一著

建筑基准法构成

建筑基准法	建筑基准法第1条明确指出:"本法确定了关于建筑物的用地、结构、设备及用途等的最低标准,目的在于保护国民的生命、健康和财产,进一步提高公共福利的水平。"建筑基准法的法理体系有3个构成要素。其一是法令运用上的总括性,涵盖了适用范围、原则、制度、程序、处罚等。其二是分为对单体建筑的规定和对建筑群的规定。对单体建筑的规定,涉及如何确保其建筑结构、防火和避难设施、卫生设备等方面的安全性;对建筑群的规定,则包括怎样营造建筑群所在城市或街区的安全良好的环境。至于项目是否符合建筑基准法的有关规定,须先由建筑师向建设主管部门提出确认申请,再由部门负责人作出判断。如在现场,则由工程监理者根据申请确认其是否遵守了建筑基准法的相关规定,待施工结束后,再接受检查
建筑基准法实施令	确定了实施建筑基准法各项规定的具体方法和措施细则。制定为实施建筑基准法所需的卫生、结构、防火、避难等方面技术标准的政令
建筑基准法实施规则	具体规定为实施建筑基准法及建筑基准法实施令所需的设计图纸和业务文件的样式
建筑基准法实施规则	建筑基准法相关告示由国土交通省发布。为使不同领域能够及时跟上技术发展的脚步,制定出具体的技术性标准,作为对建筑基准法、建筑基准法实施令和建筑基准法实施规则的补充

105

内装规范
——室内设计相关法规

设计：STUDIO KAZ　照片：山本 MARIKO

 即使住宅，其中的用火房间亦应遵守内装规范
对电磁炉，要与燃气灶同样看待

在建筑基准法中，有关内装规范的内容与室内设计的关系特别密切。其中的相关规定出于以下目的："通过提高建筑物内装的防火性，预防火灾的发生。同时，即使万一发生火灾，亦可迟滞初期火势的蔓延，阻止有害的烟雾，并可给人员提供安全的避难空间"。

了解适用范围

适用于该内装规范的建筑物主要包括：非特定多数人出入的建筑物、大规模建筑物、集合住宅等。因所涉及的范围比较集中，故最好分别自行确认。

在住宅的内装规范方面，对用火房间的处理更应引起重视。2009 年 4 月修订后的建筑基准法，对内装规范作出如下规定：在独立住宅中，距热源中心半径 250mm、高度 800mm 的圆柱空间的内部装修，应使用特定不可燃材料（墙壁和顶棚的基底同样如此）；距炉灶中心半径 800mm、高度 2350mm 的圆柱空间内部，以及顶棚表面、间柱和基底也必须使用特定不可燃材料，或与此相当的材料。在炉灶距顶棚不足 2350mm 的情况下，条件则被放宽，将"800mm +（2350mm－顶棚高度）"炉灶中心半径的顶棚表面，作为使用不可燃材料的对象【图】。

如何对待电磁炉

用门将厨房遮挡起来，这样的例子司空见惯。然而，消防法却禁止以门扇阻挡"火气"。因电磁炉不是明火，故许多设计者常常误以为它不属于"火气"。这其实是个错误，实际上应该像对待燃气灶一样，使其适用于内装规范。不过，最近也有地方政府将其作为特例处理。此外，还听说过经消防署审核特批的例子。凡此种种，均须加以核实和确认。

图｜燃气灶周围的内装规范

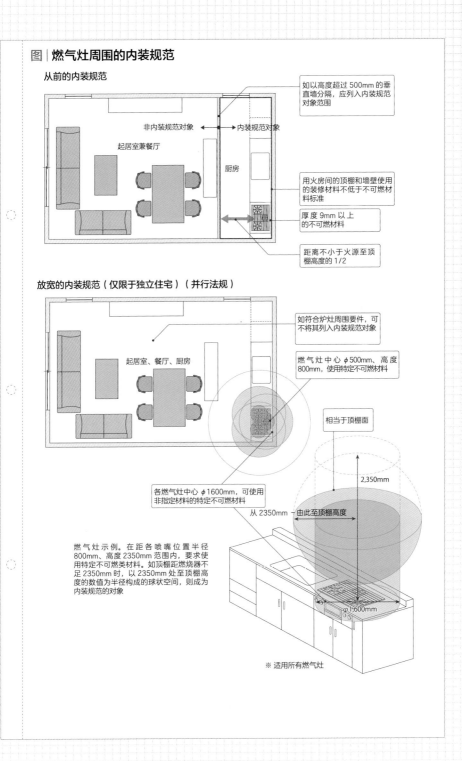

从前的内装规范

非内装规范对象　←｜→　内装规范对象

起居室兼餐厅

厨房

如以高度超过 500mm 的垂直墙分隔，应列入内装规范对象范围

用火房间的顶棚和墙壁使用的装修材料不低于不可燃材料标准

厚度 9mm 以上的不可燃材料

距离不小于火源至顶棚高度的 1/2

放宽的内装规范（仅限于独立住宅）（并行法规）

起居室、餐厅、厨房

如符合炉灶周围要件，可不将其列入内装规范对象

燃气灶中心 φ500mm、高度 800mm，使用特定不可燃材料

各燃气灶中心 φ1600mm，可使用非指定材料的特定不可燃材料

相当于顶棚面

2,350mm

从 2350mm ←由此至顶棚高度

φ1,600mm

燃气灶示例。在距各喷嘴位置半径 800mm、高度 2350mm 范围内，要求使用特定不可燃类材料。如顶棚距燃烧器不足 2350mm 时，以 2350mm 处至顶棚高度的数值为半径构成的球状空间，则成为内装规范的对象

※ 适用所有燃气灶

第 7 章　室内设计的前期准备

106

其他室内设计相关法规

设计·照片：STUDIO KAZ

Point 为过上安全的生活而制定的法规
对无障碍设计的追求

除建筑基准法之外，其他与室内设计相关的法律还有：消防法、无障碍设计新法、品质保障法、PL 法、废弃物处理法、家电循环再利用法等。

消防法

制定消防法的目的如下："预防、警戒和扑灭火灾，发生火灾时保护国民的生命财产，减少因火灾和地震等灾害而受到的损失。"根据建筑基准法的规定，内装用材料应符合内装规范。此外，消防法还对窗帘和地毯等家庭用品作出"防灾规范"。设在规范对象部位的此类用品，必须贴有"防灾标识"【图1】。承租的写字楼等，往往须申请防灾认定编号，承租人应该就此向开发商进行咨询。另外，在用火设备周围，要遵守有关与可燃物安全距离设定的规范【图2】。

无障碍设计新法等法规

在无障碍设计新法中，有如下内容："为确保老年人和残障人可独立参与日常生活和社会生活，凡商业设施类建筑物、公共交通机构的设施、车辆、道路、室外停车场、城市公园等，均应实施无障碍设计，以使其成为在日常生活中可方便、安全利用的设施。"这部法律，甚至要求写字楼亦应按照无障碍化的标准进行设计，以便于轮椅的通行和上下。品质保障法和 PL 法，可暴露住宅产品出现瑕疵和缺陷的责任所在，从而保护了消费者安全、放心使用的权利【图3】。至于废弃物处理法和家电循环再利用法，则是为顺利贯彻废弃物处理及循环再利用方针，应对日益严重的环境问题而制定的法律。

图1 | 防灾标识示例

消防厅认定

认定编号

防　灾

25mm

60mm

左面标识颜色配置：底白色，"防灾"二字红色，"消防厅认定"黑色，认定编号为黑色，横线黑色，其余部分为绿色

图2 | 燃气灶的安全距离（据东京都预防火灾条例）

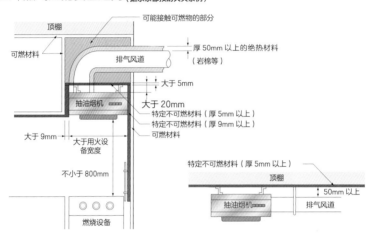

顶棚

可燃料

可能接触可燃物的部分

排气风道

厚50mm以上的绝热材料（岩棉等）

抽油烟机

大于5mm

大于20mm

特定不可燃材料（厚5mm以上）

特定不可燃材料（厚9mm以上）

可燃材料

大于9mm

大于用火设备宽度

不小于800mm

燃烧设备

特定不可燃材料（厚5mm以上）

顶棚

50mm以上

抽油烟机

排气风道

图3 | 住宅性能评价项目和评价流程

① 评价项目

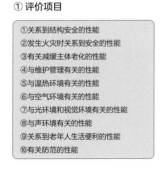

①关系到结构安全的性能
②发生火灾时关系到安全的性能
③有关减缓主体老化的性能
④与维护管理有关的性能
⑤与温热环境有关的性能
⑥与空气环境有关的性能
⑦与光环境和视觉环境有关的性能
⑧与声环境有关的性能
⑨关系到老年人生活便利的性能
⑩有关防范的性能

② 评价流程

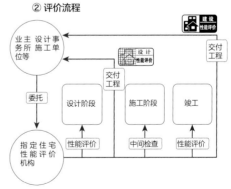

业主 设计事务所 施工单位等

建设 性能评价

设计 性能评价

交付工程

委托

指定住宅性能评价机构

交付工程

设计阶段

施工阶段

竣工

性能评价

中间检查

性能评价

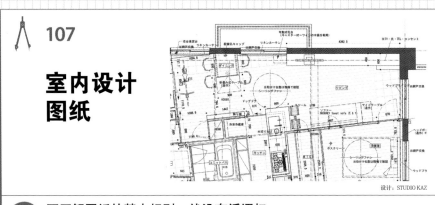

107

室内设计
图纸

设计：STUDIO KAZ

Point 不了解图纸的基本规则，就没有话语权
要根据协商对象，分别出示不同的图纸

图纸的绘制意味着什么

假如不涉及建筑和室内设计，图纸的绘制只意味着要将"自己（设计师）的意图传达给对方（业主、施工者和工匠等）"。因此，要根据对方的情况来绘制图纸。也就是说，图纸如同设计师与对方交流的语言形式。

室内设计和建筑设计所绘制的图纸基本相同，但各个职种所需要的图纸却存在差别。因为室内设计与建筑的关系密不可分，并经常与建筑设计者、现场监理和工匠们打交道，所以室内设计师接触建筑图纸的机会也不少。例如，在室内设计统筹方面，照明的效果图、配线图、设备配管图、完工进度表等，多由设计师自己绘制和编写；室内设计师、家具设计师和照明设计师为了知道可能利用的空间，就必须看懂建筑图纸。亦即，除了与室内设计有关的工作，还需要掌握最低限度的看图知识。换言之，不了解图纸的基本规则，就没有话语权。这里所说的"图纸的基本规则"，是指线条的种类及其意义、各种符号代表什么，以及尺寸的标注方法等【表1、表2】。

展示用和现场施工用的图纸

业主展示用图纸与现场施工用图纸，应分开绘制。为了便于各职种作业，必须将各种信息详尽地记在现场图纸中；而展示用图纸的内容，是经过归纳整理的信息，有时还要加上色彩效果，或者附以树状性能图、材料照片、透视效果图等。总之，应尽量做到让不习惯看图纸的客户也容易理解。

表1｜图纸的基本规则

①线条种类

按连续和断续分类

实　线 ————————

虚　线 - - - - - - - -

点划线 —·—·—·—·—·—

按粗细分类

细　线 ————————

适中线 ————————

粗　线 ━━━━━━━━

	实线	虚线	点划线	
细线	尺寸线、尺寸辅助线、引出线、修补线、特殊用途线	虚拟线	中心线基准线切割线	此处尚不存在的
适中线	轮廓线	虚拟线	假想线	此处尚不存在的
粗线	剖面线			被切割处

②尺寸标注方法

尺寸辅助符号

φ ……直径　R……半径

□ ……四角形（正方形）

t ……厚度　c ……倒角

跨度标注种类

尺寸标注

边长　　弦长　　圆弧长　　角度

文字标注位置

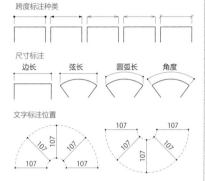

表2｜设备图的标记代号（部分）

电气设备

CL	吸顶灯
DL	筒灯
P	吊灯
B	壁灯
S	壁挂射灯
S	吸顶射灯
	荧光灯
	壁挂荧光灯
F	壁挂脚灯
	插座
●	开关
●H	萤火虫开关
●T	定时开关
●3	三路开关
	调光开关
●L	遥控开关

	热敏开关（顶棚）
	单头壁装插座
2	单头壁装插座
n	多头壁装插座
E	壁装接地插座
WP	壁装防水插座
	地面插座
200	壁装插座 200V
M	多媒体插座
R	遥控装置（热水器 [HW]）
F	地暖调节
	电话插座（壁装）
	TV 插座（壁装）
	LAN
TV	对讲机子机（带摄像门用）
TV	对讲机母机（带监视器）
TV	对讲机增设母机（带监视器）

d	对讲机子机
T	对讲机母机
t	对讲机增设母机
	弱电用配电盘
	分电盘
	动力盘·控制盘
	吸顶音箱
	壁装音箱

换气设备

	换气扇
	顶棚风扇

其他

⊗	排水
	混合水龙头
	给水龙头
	热水龙头
♀	燃气阀门

229

108

透视效果图

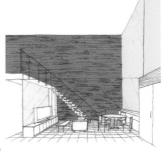

透视图作成：STUDIO KAZ

Point
透视效果图是有效的展示手段
分别使用透视效果图、直角顶视图、斜角顶视图、手绘草图等

透视效果图概述

平面图和展开图都很难表现出立体感。可是，在阐释或斟酌面与面的关系及其配置时，却又离不开立体的表现。透视效果图（Perspective）就是这样的表现手法之一，对于不习惯看图纸的客户来说，它成了一种有效的展示手段【图1】。因此，设计者必须学会如何绘制透视效果图。

透视效果图也被称为透视图法和远近图法，它基于下面的原理：远处的物体要画得小些，近处的物体则画得大些，而且平行于纵深方向的线条最后都收缩到一点。透视图法又分为平行透视图法（1消失点）、有角透视图法（2消失点）和斜透视图法（3消失点）3种【图2】。其中，平行透视图法因简单易行而应用最广。与平行透视图法相比，有角透视图法能以更自然的立体感作为表现手段，因而也成为应用较多的技法。

此外，还有一种被称为轴测投影图的表现手法【图3】，并可分为斜角顶视图（Isometric Perth）和直角顶视图（Akusome trick Perth）【图3】。它们均使用实际大小的缩尺，因而比绘制透视图要简单得多，很适于表现空间结构和家具类配置的效果。

手绘草图

只要掌握这些基本知识，便可利用透视网格等很容易地（概略地）绘制出透视效果图。另外，无论在现场配合施工，还是在讨论会上思考的过程中，都可将点滴想法画成草图。只要你掌握了透视图的基本要领，就可以将其清晰易懂地表现出来。平时，通过有意识地观察身边的事物和临摹与室内设计有关的图片，也能够提高自己的技艺。为此，要将速写簿经常带在身上。

图1 | 透视效果图示例（手绘透视图，用 Photoshop 着色）

パース作成：STUDIO KAZ

图2 | 透视图种类

① 1 消失点透视图法（平行透视图）

② 2 消失点透视图法（有角透视图）

③ 3 消失点透视图法（斜透视图）

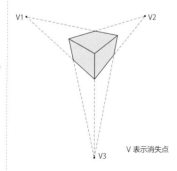

V 表示消失点

图3 | 斜角顶视图与直角顶视图

① 斜角顶视图

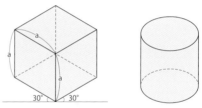

画立方体时，因长宽高之比为1:1:1，故绘制很简单。画圆形时，则使用35°（倾斜）的椭圆圆规

② 直角顶视图

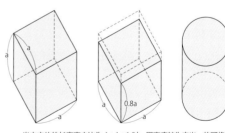

当立方体的长宽高之比为1:1:1时，因高度较为突出，故可将高度方向的尺寸设为实际尺寸的0.8左右。画圆比较简单，可保持原状不便

109

CAD 和 CG

设计：STUDIO KAZ　CG 制作：pullpush

Point 只使用CAD还不够
即使CG再漂亮，也不可用来遮掩瑕疵

个性鲜明的漂亮图纸

如今，几乎已没人用手绘方式来画图纸，从前那种看上去像绘画一般漂亮、个性鲜明的图纸，再也见不到了。这让人感到十分遗憾。

CAD（Computer Aided Design）图纸，是在 PC 上利用专门的软件绘制而成【表】。先用键盘和鼠标在电脑荧屏上作图和编辑，再通过打印机输出。只要懂得 PC 和软件的基本操作，任何人都能准确地绘制出图纸。而且，因其可重新利用积累的各项数据，并能够反复多次使用，故大大缩短了制图所需的时间。但与此同时，也出现了这样的情形：不管由谁来做同一个设计，绘制出的图纸都千篇一律，难以表现出鲜明的个性。设计师的工作，主要立足于对空间的构建，似乎不必拘泥于绘制的图纸是否具有个性。然而，有一点很重要：图纸所蕴藏的信息，不只是上面标注的尺寸和提示，还有融入整幅图纸之中的设计师的理念，即那种虽表达未尽、却可让人意会的设计意图。因此，应该在掌握制图要点的基础上，设法绘制出个性鲜明的图纸。

CG 的利与弊

与普通图纸一样，透视效果图也从手绘完全改成 CG（Computer Graphics）方式【图】。最近，当应用 CAD 制图时，将其绘制成三维图形，再加上色彩和质感，一幅 CG 也就完成了。由于 CG 表现的设计效果更加直观和清晰，因此便成为一种有效的展示手段。然而，过于清晰地展示，往往也会产生负面的结果：当尚未了解真正的 CG 时，可能以此为满足。如要使用它，则须理解设计的本质并不在此。对于 CG，不可一叶障目，不见泰山。

表｜具有代表性的 CAD 软件、CG 软件的种类及其销售商

软件	对应 OS	Vectorworks 系列
CAD		
VECTORWOPKS	Win、Mac	Eandoe 株式会社
AutoCad	Win	Autodesk
JwCAD	Win	（免费软件）
DRA-CAD	Win	结构系统
ArchiCAD	Win、Mac	GRAPHISOFT
CG		
Shade	Win、Mac	Ê 互联网支持
formZ	Win、Mac	UltimateGraphics
室内设计师 Neo	Win	MEGASOFT
Sketch UP	Win、Mac	Google

Vectorworks Designer
with Renderworks
照片提供：E&E 株式会社

Shade13 Professional
照片提供：株式会社 IFURONTEIA

照片｜具有代表性的打印机

HP Designjet T520 24inch ePrinter
●外形尺寸（W×D×H）987×530×932mm（配
装支架时）●重量：约34kg
照片提供：日本 HP 株式会社

PX-6550（8 色彩印）
● 制造商：EPSON ● 外形尺寸
（W×D×H）848×765×354mm
●重量：约40.2kg

imagePROGRAF iPF5100
●制造商：Canon ●外形尺寸（W×D×H）
999×810×344mm（配装支架时）●重量：约
49kg
照片提供：佳能株式会社

照片提供：
精工·爱普森株式会社

图｜CG 示例

住宅内部装潢透视 CG

设计·CG 制作：STUDIO KAZ

110

设计效果展示

设计·照片：STUDIO KAZ

 针对客户具体情况，分别采用不同的展示手法
设法让展示富有个性色彩

无论什么工作都需要推介

在做了很多前期工作之后，为使客户能够理解自己的设计意图而对必要的资料加以梳理，再据此制定出方案，被称为设计效果的展示（Presentation）。最初的展示尤为关键，因为在大多数情况下，只有通过这一阶段被客户认可，才能接着进行下面的工作。由此可见，设计效果的展示有多么重要。

设计效果的展示，要根据具体对象分别运用不同的手段。例如，用平面图和展开图等图纸形式介绍总体规划，用透视图表现空间形象，用模型阐释空间结构等等。此外，诸如装饰材料、家具和照明灯具之类，则多利用实物样品和照片来加以说明。

如将上面提到的各种信息综合在一起，使之看上去更加清晰易懂，可使用展示板【图】。要将所有的样式和手法汇集在一块大板上，设计师要下许多工夫。为使其适应展示的条件（场所和人数等），最好能够多种手法同时并用。

使用 PC 的展示手法

制作展示板，大多使用 PC。将图纸做数字化处理，再配上照片和CG……类似这样的作业，不仅要比剪剪贴贴的方法轻松得多，而且资料的复制和保管也更加容易，确实很方便。最近，随着笔记本电脑性能的改善，很多人出门都将 PC 带在身上。而且还经常见到这样的情形：制作成近似电视节目的 CG 动画，应用"PowerPoint"之类的软件，将影像与声音复合起来进行设计效果展示。不过，因为那种比较近似的展示手法并不很难做到，所以又将重点转移到对个性的追求上来。

图｜展示板示例

将 BEFORE/AFTER 图纸加入其间，成为比较的对象

粘贴实物样品

形象照片

主透视图

要素表：填入装饰材料种类名称、制造商、价格等

将模型照片与形象照片搭配在一起，可使模型看上去像实物一样

模型照片

归纳整理可变系统说明和设计方案的重点

选用的家具

要素表

制作：STUDIO KAZ

作者简介｜PROFILE

主编、执笔

和田浩一 / coichi wada

Kaz工作室代表。室内设计师、厨房设计师。1965年生于日本福冈县。1988年自九州艺术工科大学毕业后，进入东洋制窗（现LIXIL）株式会社。1994年，成立Kaz工作室。1998～2012年，受聘Vantan设计研究所室内学部客座讲师；2002～2006年，任工学院大学专门学校室内设计科客座讲师。作品曾获"厨房空间规划大赛"和"内部协调住宅"等多个奖项，并成功举办了个展和联展。二级建筑师、内部设计协调人。

执笔（原书26～33页）

富樫优子 / yuko togashi

"樱优画室"主持人、色彩指导、VMD指导和插花创作者。1962年生于日本福冈县。1982年，自武藏野美术短期大学毕业后，即进入岩田屋系列女装专门店任VMD（Visual Merchandising，视觉营销——译注）主管。后辞职赴美，到时装工科大学展示设计科学习。归国后，在咨询公司短暂工作，组建了自己的公司。目前，重心放在各类设计业务关键的色彩及其作用方面。日本色彩研究所认定色彩指导者、A·F·T认定色彩讲师、二级建筑师、内部设计协调人、照明顾问、草月流花道师范。

执笔（原书130～143页）

小川由华莉 / yukari ogawa

ENPRO27株式会社代表，照明师，大阪出生。2006年，从远藤照明辞职。2007年，创建恩工厂（现ENPRO前身），从事照明设计、光源开发、内部选择及办公室布置等业务，利用业务便利筹办相关研讨会，在此过程中，接触到光脑关系的知识，并产生浓厚兴趣。在研讨会和网络杂志上，他呼吁：对习以为常的光，一定要重视它，并且将其看做充实和美化我们生活的工具。

参考文献 | REFERENCES

□椅子のデザイン小史（大廣保行著、鹿島出版会刊）

□色の科学（金子隆芳著、朝倉書店刊）

□インテリアコーディネーターハンドブック技術編（社団法人インテリア産業協会刊）

□インテリアコーディネーターハンドブック販売編（社団法人インテリア産業協会刊）

□カラーコーディネーター入門一色彩（大井義雄・川崎秀昭著、日本色研事業刊）

□キッチンをつくる/KITCHENING（和田浩一＋STUDIO KAZ著、彰国社刊）

□暮らしのためのデザイン（秋岡芳夫著、新潮社刊）

□コイズミ照明カタログ

□色彩演出事典（北畠耀編、セキスイインテリア刊）

□色彩科学入門（財団法人日本色彩研究所編、日本色研事業刊）

□色彩学貴重書図説（北畠耀編、社団法人日本塗料工業会刊）

□色彩の心理学（金子隆芳著、岩波書店刊）

□住まいのインテリアデザイン（朝倉書店刊）

□住まい方の思想（渡辺武信著、中公新書刊）

□住まい考（三菱商事・住まい館、GK道具学研究所編、筑摩書房刊）

□東京電力オール電化住宅のご提案パンフレット

□寝床術（睡眠文化研究所編、ポプラ社刊）

□パタンランゲージ―環境設計の手引（クリストファー・アレグザンダー著、鹿島出版会刊）

□木のデザイン図鑑（エクスナレッジ刊）

□建築知識1993年5月号（エクスナレッジ刊）

□建築知識1993年9月号（エクスナレッジ刊）

□建築知識2006年4月号（エクスナレッジ刊）

□建築知識2008年7月号（エクスナレッジ刊）

□建築知識2009年9月号（エクスナレッジ刊）

□すまいのビジュアル事典 誰にも聞けない家造りのコトバ（エクスナレッジ刊）

110のキーワードで学ぶ 世界で一番やさしいシリーズ

□06 / RC・S造設計編（佐藤秀・SH建築事務所著、エクスナレッジ刊）

□07 / 建築設備編（山田浩幸著、エクスナレッジ刊）

□09 / 木造住宅監理編（安木正著、エクスナレッジ刊）

□11 / 建築構法編（大野隆司著、エクスナレッジ刊）

□12 / 建築基準法編（谷村広一著、エクスナレッジ刊）

著作权合同登记图字：01-2014-1116号

图书在版编目（CIP）数据

室内设计 /（日）和田浩一，富樫优子，小川由华莉著；刘云俊译．—北京：中国建筑工业出版社，2017.5

（建筑基础 110）

ISBN 978-7-112-20563-9

Ⅰ.①室… Ⅱ.①和… ②富… ③小… ④刘… Ⅲ.①室内装饰设计—研究 Ⅳ.①TU238.2

中国版本图书馆 CIP 数据核字（2017）第 053499 号

SEKAI DE ICHIBAN YASASII INTERIOR ZOUHO KAITEI COLOR BAN
© COICHI WADA & YUKO TOGASHI & YUKARI OGAWA 2013
Originally published in Japan in 2013 by X-Knowledge Co., Ltd.
Chinese (in simplified character only) translation rights arranged with
X-Knowledge Co., Ltd.

本书由日本 X-Knowledge 出版社授权我社独家翻译、出版、发行。

《建筑基础 110》 丛书策划：刘文昕

责任编辑：张　华　刘文昕　焦　斐

责任校对：王宇枢　焦　乐

建筑基础 110

室内设计

[日]　和田浩一　富樫优子　小川由华莉　著

刘云俊　译

＊

中国建筑工业出版社出版、发行（北京海淀三里河路9号）

各地新华书店、建筑书店经销

北京京点图文设计有限公司制版

北京顺诚彩色印刷有限公司印刷

＊

开本：965×1270毫米　1/32　印张：7½　字数：214千字

2017年8月第一版　2017年8月第一次印刷

定价：**69.00**元

ISBN 978-7-112-20563-9

（30219）